花木有禅意

韩敬山 著

中国·广州

图书在版编目（CIP）数据

花木有禅意 / 韩敬山著. — 广州 : 广东旅游出版社， 2024.1
ISBN 978-7-5570-3120-6

Ⅰ. ①花… Ⅱ. ①韩… Ⅲ. ①植物—普及读物 Ⅳ. ① Q94-49

中国国家版本馆 CIP 数据核字（2023）第 165468 号

出 版 人：刘志松
策划编辑：林伊晴
责任编辑：廖晓威
内文设计：吴彦伯　周喜玲
封面设计：周喜玲
内文插图：王　河　叶倩茹
责任校对：李瑞苑
责任技编：冼志良

花木有禅意

HUAMU YOU CHANYI

广东旅游出版社出版发行
（广东省广州市荔湾区沙面北街 71 号首层、二层）
邮编：510130
电话：020-87347732（总编室）020-87348887（销售热线）
投稿邮箱：2026542779 @qq.com
印刷：广州市岭美文化科技有限公司
（广州市荔湾区花地大道南海工商贸区 A 幢）
开本：889 毫米 ×1260 毫米　32 开
字数：180 千字
印张：8.75
版次：2024 年 1 月第 1 版
印次：2024 年 1 月第 1 次
定价：59.80 元

花木有禅意

书名题签：法量[1]

① 中国佛教协会常务理事、广东省佛教协会常务副会长、广州市佛教协会常务副会长、六榕寺方丈。

禅是一枝花 花是禅的机

刘志松

什么是禅?

禅是一枝花。

这不是一个譬喻，亦不是简单的事实描述。

一花一世界，一叶一菩提，万物皆有佛性。

禅是活泼泼的，花落花开，春秋冬夏尽是禅。

这又是一个譬喻，以物起兴，晓譬劝喻。昔日世尊[①]于灵山[②]会上，拈花示众，曰:“吾有正法眼藏，涅槃妙心，实相无相，微妙法门，不立文字，教外别传，付嘱摩诃迦叶[③]。”因时众皆默然，唯迦叶尊者破颜微笑，于一枝花中开悟，识得真如妙心。

佛法善用譬喻，《大智度论》提到:“譬如登楼，得梯则易上。”譬喻本身就像要上楼的梯子，倚借这个梯子，使众生得登佛法的堂奥。

佛法是高深的，却又不离世间。合起来意思就是佛法为大众开悟而来。大众得佛法，需要的是直指人心的顿悟。顿悟不是说来就来，很多时候需要“迷时

① 佛陀十种德号之一。

② 印度灵鹫山，佛陀在王舍城驻锡地。

③ 佛陀十大弟子之一，人格清廉，深受佛陀信赖。

师度”，这个“师”，一花一木亦是。

佛祖在无忧花树下出生，步步生莲；在菩提树下开悟，天女散花。花者，“华”也，花华不二，在佛典中多有花木的描述。花木本来平凡，但因与佛法相牵，被佛法浸润，佛性的光泽刹那夺目，所谓“郁郁黄花，无非般若；青青翠竹，尽是妙谛”。

“平常一样窗前月，才有梅花便不同。”花木有禅，向慧有意，向福的我们需熟悉那些佛学之花木，或栽培浇灌，乐见生命；或布施供养，接近佛法；或笑捻梅花，见桃悟道。

三十年来寻剑客，几回落叶又抽枝。
自从见得桃花后，直到如今更不疑。

《花木有禅意》就是一本让人接近“禅之花木”和“花木之禅”的著作。前者指的是这些花木与佛学渊缘深厚，或出现在佛学典籍中，或栽种在清凉佛境里。这些花木其实也是日常花木，大部分在国内皆耳熟能详，经常可见，比如菩提树、白莲、忘忧草等。书中根据花木自然属性做了明晰的分类，分《粮食篇》《林木篇》《香料篇》《药用篇》《佛陀篇》《花类篇》和《比喻篇》七个篇章来介绍。从这个角度来说，本书可当作花木的科普读本和佛学、国学的知识读本，是一本“学者小书”。著者韩敬山先生，研究佛学多年，国学功底雄厚，对于“禅之花木”，知其然知其所以然。比如谈及“优昙”，就先从佛学经典《涅槃经》起笔，

“人身难得，如优昙花”；再由远及近，由佛学及生活，由哲学及科学，分门别类、不蔓不枝地阐释了优昙花和昙花的关系、佛学与国学的渊源。韩敬山用譬喻与现实的关联，予读者以正解，助读者告别“自然缺失症”，接近花木，读懂花木，热爱花木。

至于后者，“花木之禅”，由花木得禅机，更是本书的旨趣所在，亦是著者大德仁心的供奉。从这个角度来说，本书是一本 “借花献佛”和“以手指月”的“禅机大书”，是著者人间旅程所感所悟之后的“偈语”，是和读者的“倾偈”（粤语：谈心）。著者一生行禅四方，研读口念时更重心行，尤其对西藏大地情有独钟。本书中，每论及花木，皆融汇自身经历，转山河转大地转自己，见花见木见众生。比如“石榴”篇中，作者以石榴为机缘，见人见物见生活。2007 年夏，好友来访，带来家乡陕西的石榴，著者在拉萨初尝，感叹石榴味道虽好但囫囵吞枣，吃相难看；再写在拉萨书店读《萨迦格言》，读到“尼泊尔的石榴不用尝，看颜色就知其滋味”，由相入里，对石榴的认知深了一层；续写十年后到保定顺平大佛光寺拜谒真广大和尚，听大和尚讲石榴在佛教中的地位——因石榴一花多果，一房千实，一房千子，被佛教誉为“吉祥之果”；最后再道出拜谒广州六榕寺法量大和尚之后的感悟，不为深秋能结果，肯于夏半烂生姿……无论是人是物，只要珠玑满腹，总会有缘相识。

花开花落有禅机，一枝一叶总关情。书中写道，芭蕉，五蕴如此无实体；甘蔗，“取汁用溉，冀望滋味返还种子”；榕树，缘谢缘生；药王树，愿大地河山，尽成琉璃光世界；菩提树，放下功名利，方能笑眼看是非；梨树，带着行思岁月的道途，人生方能清一明二……愿读者诸君都能在花木扶疏中漫卷博大精深的智慧结晶，跟随韩敬山先生的足迹和哲思，观世音，观自在，游万仞，让自己那颗久被尘劳关锁的明珠，尘尽光生，照破山河万朵。

谨遵嘱，是为序。

（作者系广东旅游出版社社长）

2024 年 1 月 广州沙面岛

》目录 content

花类篇· 何处最花多 169

粮食篇

四海无闲田

粮食篇引言

小时候，家里有一本志书，书名就叫《粮食的故事》[①]。这部写于1950年代的书，讲述1930年代的中共地下党员郝吉标接到命令——“当夜把粮食送上山”，于是和唯一的儿子一起送粮的故事。面对敌人封锁严密，他用儿子的生命作代价，完成了根本没有办法完成的任务。每每想到这个“带血”的粮食，我都禁不住万千感慨。

时光转至佛陀生活的时代，不仅有木瓜、石榴、槟榔，还有稻米、五谷面……它们无一例外，都有基本的果腹功能，但这些各自形状的“粮食”背后，我觉得是佛陀的谶语。于是我斗胆以个人理解写下“第六感觉”，如芭蕉，虽为树，但伐根剥叶，最终却无树干之实，这何尝不是虚空的真实？又如槟榔，虽为树，但为适应环境，不断地抛枝弃叶，甚至抛弃树之形态，缘何至比？与其说是“全弃之道”，更准确地讲是“生存大道”。2019年身居台北南港时遇上台风之夜，暴风骤雨中，我将其理解为“不招风雨，静待花开”。

又如茶，无论走向世界何方，只要有华人，茶自斟来。当茶与佛陀相见后，中国寺院礼法之茶被赋予了宗教般的神圣地位。

生在凡尘，行道曰粮，止居曰食。开启心中宝瓶，人世间头上三尺哪件不是件件遍算？

麦穗两歧，穰穰满家。

---

①《粮食的故事》，作者王愿坚，该小说初刊《人民文学》1956年7月。

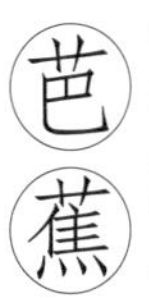

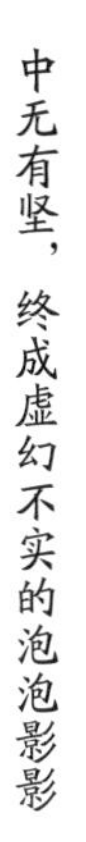

1999 年 7 月，我从南沙群岛美济礁返航到海南三亚鹿回头下的港口休整，与黄宏（现任广东广播电视台体育频道总监）、梁峰（现任广东广播电视台视频技术高级工程师）两位电视编导一起前往万宁热带植物园做客。接待我们的是一位东南亚华侨，他当着我们的面嘱咐工作人员，快去摘一些皇帝蕉、芭蕉、火龙果来。

不一会，人生中迄今为止吃到的最新鲜的水果端到了我们面前。这位华侨一一介绍这些水果的特点，他在介绍芭蕉时专门说，外界所说的皇帝蕉就是芭蕉是不对的。

芭蕉原产琉球群岛，中国秦岭淮河以南可以露地栽培。《现代汉语词典》第 7 版 18 页，“芭蕉”的解释是：大蕉的通称。

只见眼前的芭蕉树高8~9米，叶面浅绿，为长椭圆形，中肋两侧有平行脉，底粉白的阔叶间正开着淡黄色不规则穗状花，成串而下的蕉紧紧围抱在茎的周围。它是多年生草本，树干由树叶的叶柄延展变形、互相紧密包围，形成外表像茎的形状。但如果我们将茎从外向内层层剥开后，它的最里面却是中空的，不像一般树干是实心的。在印度阿萨姆或孟加拉丘陵地带，有自生的芭蕉。

细看手中的芭蕉果，呈三棱状，长5～7厘米。剥开芭蕉，雪白的肉质肥大，气味香甜，里面的种子是黑色的。在芭蕉知识的陪伴下，我们每个人吃了一顿美美的水果宴。

夜宿植物园，从楼上往下看，青翠的芭蕉树犹如一把撑开的绿色大伞，让人一下子想起了《西游记》里铁扇公主的芭蕉扇。

在浩瀚的佛教经典中被称为“巴蕉”“芭苴”“天芭”“甘蕉”的芭蕉因自身成长的特点之源，成为令人深思的绝妙譬喻：五蕴亦如芭蕉一样无实体。

展卷《杂阿含经》，这个譬喻来到了我的眼前：明目士夫欲求坚固之材，手持锋利的斧头进入深山，眼前的芭蕉树硕大无比，于是砍伐其根，剥去其叶，却无树干之实。

“芭蕉”在佛教经典中，经常被用来比喻空虚无实。除此之外，芭蕉叶摇晃的形态也被用来形容心中的忧虑不安。佛陀昔日为婆罗门时，看到大众发愿度化净土，内心满是忧苦，就禀告宝藏如来，此事在《大悲分陀利经》卷五中有记载：

> “世尊！我心振摇，如同芭蕉叶一般，非常忧虑烦恼。世尊！这些菩萨虽然都发起大悲心，却只摄受净土的众生，而弃舍恶土中处于暗冥昏昧长夜的众生。”于是婆罗门独独发起度化秽土众生的悲愿。

佛教世界将构成身心虚幻不真实的物种比喻为芭蕉的伪茎，如泡、如沫、如炎、如热、如梦、如幻、如芭蕉……

当夜，万宁下起了雨，白居易的“隔窗知夜雨，芭蕉先有声”穿过千年岁月形象地来到了我的耳边。此时的我，表象听的是雨声，本质听的是心声，那点点滴滴的心绪，最终变成了“芭蕉不展丁香结，同向春风各自愁”。

愁，或浓或淡；思，或深或浅。那就权以芭蕉叶的对话作为结尾吧：

——是谁多事种芭蕉？早也潇潇，晚也潇潇。

——是君心绪太无聊！种了芭蕉，又怨芭蕉。

高高的树上结槟榔
谁先爬上谁先尝
采槟榔
采槟榔
谁先爬上我替谁先装
……

只要看 1930 年代有关上海滩的电视剧，大都会有舞女唱的这首其实是湖南民歌的《采槟榔》，反复的情景再现，以至彻底变成了当时国人们耳熟能详的民国老上海经典流行乐。

《现代汉语词典》第 7 版 93 页，“槟榔”的解释是：（1）常绿乔木，树干很高，羽状复叶。果实可以吃，也供药用。生长在热带地区。（2）这种植物的果实。

当“槟榔”一词出现在我的认知世界中，脑海立即浮现阳光、大海、沙滩、椰子树，甚至很长时间都以为椰子树上长的是槟榔果，将椰子果和槟榔果误为同类。

大学时代，认真读《红楼梦》原著，发现贾琏最爱吃槟榔，甚至还以槟榔作为传递情与爱的“中介”：

> 贾琏又不敢造次动手动脚，因见二姐手中拿着一条拴着荷包的绢子摆弄，便搭讪着往腰里摸了摸，说道：“槟榔荷包也忘记了带了来，妹妹有槟榔，赏我一口吃。”二姐道：“槟榔倒有，就只是我的槟榔从不给人吃。”贾琏便笑着欲近身来拿。二姐怕人看见不雅，便连忙一笑，撂了过来。贾琏接在手中，都倒了出来，拣了半块吃剩下的撂在口中吃了，又将剩下的都揣了起来。

2014 年春，第一次以博士研究生的身份到中国台湾地区“中国文化大学”文学院史学所交换一学期，台北的同学黄学文博士候选人（现到大陆工作，担任湖北经济学院中国传统文化与哲学研究中心讲师）绘声绘色地跟我讲起“槟榔妹”，他夸张的语气令我每次路过“槟榔店”都自觉躲得远远的，生怕经过店门会突然被强拉硬拽进店，那可就说不清楚了。

后来，参加一次中国台湾地区的环岛游，上车时，只见邱司机手中拎着一包椭圆形的青色槟榔果。他告诉我槟榔样子虽似橄榄，但区别是槟榔的表皮会起皱。

作为台湾地区长途车司机的提神“神器”，它其实是中国四大南药之一，但在司机圈里都知道槟榔果对口腔黏膜有副作用。至于我向他询问的“槟榔妹”，他哈哈一笑说，人家也仅仅是谋生而已。

在阳明山“中国文化大学”的日子里，我还了解到当地人也把槟榔叫“消食”，大概像山楂片般帮助消化的小食。

为了将槟榔树与椰子树的区别搞个明白，我阅读了关于槟榔的知识。“槟榔”也被汉译为“宾门”“宾郎”，产于东印度等地。它是常绿乔木，树干似椰子纤细，笔直修长，密叶短直，冲天叶为羽状复叶，栽种五年，才能结实，形似肉豆蔻，像一位亭亭玉立、婀娜多姿的少女，被人们称作“女人树”。一干有三四穗，每穗结实三四百颗，味涩而微甘。将果实切开，加入石灰、荖花食之，有强齿、消食、健胃的功用。

椰子树则是高大、粗壮，宽叶伸展、低垂，被称作人世间的“男人树”，有的被称作“阿哥树”，可见槟榔跟椰子还真有一些共通处。不过，我从来没有想到在佛教世界中槟榔还是佛陀的食物，它被音译为“末达那”，并且是三十五种大供养之一，《文殊师利所问经》中写得清清楚楚“有三十五大供养，是菩萨摩诃萨应知：燃灯、烧香、涂身、涂地、香末香、袈裟及伞，若龙子幡并诸余幡，螺鼓、大鼓、铃盘、舞歌以卧具，或三节鼓、腰鼓、节鼓并及截鼓。曼陀罗花持地、洒地、贯花悬缯，饭水浆饮可食可啖。及以可味香和槟榔杨枝浴香，并及澡豆，此谓大供养。”

1922年出版的《佛学大辞典》，著者丁福保在第822页上对“末达那”作了解释：

> （植物）又作摩陀罗。果名。译曰醉果。玄应音义三曰：“末达那果，此译云醉果。”同二十三曰：“末达那，或云摩陀那，又言摩陀罗，此云醉果。甚堪服食，能令人醉故以名焉。”慧琳音义十八曰：“摩达那果，西国果名也。此国无，其果大如槟榔，食之令人醉闷。亦名醉人果，堪入药用也。”

据《慈恩寺三藏传》卷三载，玄奘大师初至中印度那烂陀寺时，日得担步罗果百二十颗、槟榔子二十颗、豆蔻二十颗、龙脑香一两、大人米一升等物之供养。由以上之记载，则担步罗果又异于槟榔子。

印度尼赫鲁大学高适博士告诉我：“槟榔在印度，常常是青年男女双方结誓之物。”他提醒我寻找佛教经典《善见律毗婆沙》，里面有详细的记载。翻开此著，上写：“男子与女结誓，或以香华槟榔，更相往还饷致言，以致结亲。”

这里还要特别说明，凡间世界的槟榔树就是佛教世界的担步罗树，它产于印度、中南半岛、中国台湾等地。其干修长，无分枝，叶簇生于梢头。果实呈球形，大如鸡卵，称槟榔子，于未熟之时采之，拌以蒟酱、石灰，咀嚼之，味涩而甘，具有兴奋作用。

这种使人产生欣快感和兴奋感的槟榔，将全世界大约6亿人牢牢套住，使他们口嚼槟榔，难以舍弃。

从南投日月潭返回台北阳明山的路途中，那一根根瘦高瘦高的枝干，还有高高的树冠上仅有为数不多的如梳齿叶片，导游兼司机邱先生说了一句意味深长的话：“槟榔树不招风不引蝶，台风对它也就无可奈何！”

我想，在佛教世界中，槟榔树之所以能成为一种特殊的树，可能还在于它在热带的植物世界中能舍弃自身的样子。它为了适应环境，可以抛弃枝叶，可以抛弃果实，甚至抛弃树的全部样子。它唯一的努力就是全心向上冲向天际，让“木秀于林，风必摧之”的厄运在它面前落空。

它的“舍弃之道”何尝不是我们追求的“生存之道”？

莲界万花中，唯静心自省方能走向真理大道

茶起源于中国，盛行于世界。唐代陆羽的《茶经》、宋代沈括的《梦溪笔谈》、明代云南的《大理府志》以及《广西通志》均有记载。茶是世界三大饮品之一，全球产茶国和地区达60多个，饮茶人口超过20亿。

茶也称茗，为常绿灌木或乔木，山茶科植物，在中国的中部至南部均有广泛栽培。茶喜湿润气候和微酸性土壤，耐阴性强，用种子、扦插或压条繁殖。

2019年11月27日，联合国大会宣布将每年5月21日确定为“国际茶日”。

《现代汉语词典》第7版135页，“茶”的解释是：常绿木本植物，叶子长椭圆形，花一般为白色，种子有硬壳。嫩叶加工后就是茶叶。是我国南方重要的经济作物。

2020 年 5 月 21 日，首个“国际茶日”来临之际，中国国家主席习近平向“国际茶日”系列活动致信表示热烈祝贺。

与此同时，在海峡对岸的中国台湾地区，“阿里山上美人茶，红汤迷人香两岸”的“国际茶日”主题活动在阿里山下举行。这让我回想起 2019 年秋在阿里山曾喝过这杯让人难忘的台湾味道。我国宝岛台湾少数民族之一的邹族形象代言人汪毅纯小姐告诉我：阿里山美人茶，主要生长在海拔 1000 ~ 1300 米之间的阿里山茶区，所用之茶菁为小叶种的金萱或青心乌龙所产制的全发酵茶，冲泡出的汤色红亮迷人，香气悠长，滋味香醇……

于我而言，我的经验是好茶不怕细品。无论是在喜马拉雅山南坡还是在中国台湾地区中央山脉，我都关注一款名为阿萨姆的红茶。一般茶树也就高约 6 米，可阿萨姆红茶的树高能达到 18 米。在佛教世界，当佛陀以及祖师忌日时，在其像前要做“献茶”“献汤”的仪式，“献汤”是将蜂蜜或“石蜜”（**详见“石蜜”篇第 119 页**）溶解在热水里。

作为一个有着近 40 年集邮资历的我来说，一直珍藏着 1997 年 4 月 8 日邮电部为弘扬中华民族悠久的茶文化而发行的《茶》特种邮票一套 4 枚，分别描绘了云南澜沧江邦崴村的古茶树、陆羽像、鎏金鸿雁流云纹银茶碾子、文徵明的《惠山茶会图》。

展开第一枚邮票，画面以云南澜沧邦崴地域的山山水水为背景，突出展现了一棵挺拔的茶树沐浴在金红色阳光中、被雨水淋湿后显得格外葱郁、饱经沧桑的勃勃英姿，它像一座纪念碑屹立在那里，成为一座不可逾越的人类茶文化发展的历史丰碑。

再展开第三枚邮票，画面选取了严钟义拍摄的法门寺出土的鎏金鸿雁流云纹银茶碾子，画面左上角钤有一方红色“茶器”印章。邮票图案中展示的是用以碾碎茶叶的器具茶碾，它由鎏金银碾槽和银碾轮（中有轴）组成，碾轴由执手和圆轮组成。画面以柔和高雅的淡灰色作底衬，烘托出茶碾的金色光芒，璀璨夺目，富丽堂皇。无论从它所属的中国茶文化形成、繁荣的唐代，还是从它在政治、宗教、文化活动中所处的地位和工艺制作水平以及在中国茶道流变历程中的位置，这件鎏金银茶碾都是具有典型意义的文物。

在唐代宗时，由于“茶圣”陆羽（733—804 年）等人的倡导，品茶之风大盛。此后，饮茶之风逐渐传入佛教界，乃至有“茶禅一味”“点茶三昧”的说法产生，谓茶道之精神与禅之精神相互一致。

我一直在思考“茶”是如何走进中国佛教的，中国佛教寺院又是如何与茶结缘的，可不可以说茶叶进入中国寺院是中国佛教向世俗示好的标志与桥梁？这种强化的佛教僧团意识一方面建立起集体意识的同盟，一方面强化了寺院的执事等级。在禅宗寺院中，方丈有六位侍者，其中就有一位专门负责茶饭；在禅宗丛林寺院里的甚多仪式之中，都必须举行茶礼，比如“茶汤”就是禅刹中每日晨间供奉在佛祖之前的煎茶，又比如“茶礼”就是禅刹中以茶相款待的某些礼仪，可见茶在佛教世界的重要性。

在那个时代，当一杯清茶送到了宦海沉浮的中国文官与武士面前，伴随着他们想象中的理想化寺院生活，茶被赋予的宗教意义也就随着他们各自的到来或得到纾解，或得到印证，这其实就是千百年来寺院与文人交往不断的“心照不宣”。

此种礼法之茶，随着中国禅的东渡而于镰仓时代传入日本并广行于民间。

钱锺书（1910—1998 年）的爱人杨绛（1911—2016 年）在 1940 年代曾写过一篇《喝茶》的散文，我赶紧找出珍藏的《杨绛全集》第三卷，展开到 238 ~ 239 页，每次阅读她的文字，其文字韵味始终牵动我心：

> 曾听人讲洋话，说西洋人喝茶，把茶叶加水煮沸，滤去茶汁，单吃茶叶，吃了咂舌道：“好是好，可惜苦些。”新近看到一本美国人做的茶考，原来这是事实。茶叶初到英国，英国人不知怎么吃法，的确吃茶叶渣子，还拌些黄油和盐，敷在面包上同吃。什么妙味，简直不敢尝试。以后他们把茶当药，治伤风，清肠胃。不久，喝茶之风大行，1660 年的茶叶广告上说：“这刺激品，能驱疲倦，除恶梦，使肢体轻健，精神饱满。尤能克制睡眠，好学者可以彻夜攻读不倦。身体肥胖或食肉过多者，饮茶尤宜。”莱登大学的庞德戈博士应东印度公司之请，替茶大做广告，说茶“暖胃，清神，健脑，助学问，

尤能征服人类大敌——睡魔”。他们的怕睡，正和现代人的怕失眠差不多。怎么从前的睡魔，爱缠住人不放；现代的睡魔，学会了摆架子，请他也不肯光临。传说，茶原是达摩祖师发愿面壁参禅，九年不睡，上天把茶赏赐给他帮他偿愿的。胡峤《饮茶诗》：“沾牙旧姓余甘氏，破睡当封不夜侯。”

汤况《森伯颂》：“方饮而森然严乎齿牙，既久而四肢森然。”可证中外古人对于茶的功效，所见略同。只是茶味的“余甘”，不是喝牛奶红茶者所能领略的。

……

伏尔泰的医生曾劝他戒咖啡，因为“咖啡含有毒素，只是那毒性发作得很慢。”伏尔泰笑说：“对啊，所以我喝了七十年，还没毒死。”唐宣宗时，东都进一僧，年百三十岁，宣宗问服何药，对曰，“臣少也贱，素不知药，惟嗜茶”。因赐名茶五十斤。看来茶的毒素，比咖啡的毒素发作得更要慢些。爱喝茶的，不妨多多喝吧。

合上人民文学出版社的《杨绛全集》，倒上一杯我的好友崔伦君从浙江宁波专门给我采摘的龙井，当水浸杯中，一片片绿叶霎时上下翻舞，最终静止不动，似乎告诉我生命的一体与两面：沉重和轻盈。凝神这一杯眼前的茶，无论观赏还是品味，在清水中，它尽情旋转的身体语言不就是和自己的心灵在对话吗?

一说起“肥腻”，脑海中立刻就会想到高脂饮食，一个人如果饮食中过于肥腻，血压将会越升越高……但许多人自认为的健康食物，如包裹培根的烘肉卷、四重汉堡、鲶鱼，其实都很肥腻。但此“肥腻”的话题跟我今天所述佛教世界的“肥腻”可是八竿子打不到一起。

1922 年版《佛学大辞典》，著者丁福保在第 832 页写下解释：

> （植物）草名。涅槃经八曰：“雪山有草，名曰肥腻。牛若食者，纯得醍醐。”

《现代汉语词典》第 7 版 1287 页，“醍醐”的解释是：古时指从牛奶中提炼出来的精华，佛教比喻最高的佛法。

醍醐原来竟是牛乳。一下子让我理解了宋代朱继芳《和颜长官百咏·空门》中的诗句："春风错种醍醐草，引得牛来食雪山。"

《佛光大辞典》第 3492 页，关于"肥腻"的解释更是一目了然：

> （一）梵语。佛家以之比喻涅槃、佛性、真实教等义。据北本涅槃经卷八如来性品载，牛食肥腻即能出醍醐，乃比喻众生因觉悟佛性而得佛果。
>
> （二）形容物质生活极为富裕丰饶。大毘婆沙论卷一二三（大二七·六四五中）："尊者所食极为肥腻，若饮冷水，或当致疾。"

从上述解释来看，这个"肥腻"在佛教世界中同样包含两层寓意，最近几年常被年轻人挂在嘴边的"油腻"中年，是指人到中年不仅身材发福走样，更重要的是他们的人生之路因为肩扛三代而变得优柔寡断……

人生旅程中每个人都会遇到各种各样的"油腻"和"肥腻"人，有时我是他人眼中的"油腻大叔"，有时你是他人眼中的"肥腻大姐"，其实无非说的就是尘俗世界中的心性浑浊。

生在凡尘，追求彻底醒悟的路上，愿醍醐始终相伴相生。

记得 2013 年开始写博士论文《戴传贤与民国藏事（1912—1949 年）》时，佛学家朱芾煌（1877—1955 年）是一个重要的人物，当时就看到他对“甘茶”也就是“甘露”作出解释：生老病死，皆永尽故。

在佛法初传中国时，“甘露”这个词曾成为五位帝王的年号：

（1）汉朝宣帝年号（公元前 53—前 50 年）

（2）三国魏废帝高贵乡公曹髦的第二个年号（公元 256—260 年）

《现代汉语词典》第 7 版 421 页，对“甘露”的解释是：甜美的露水。在西藏萨迦派贡嘎曲德寺，六臂白玛哈嘎拉大藏如意宝瓶展现在我的面前，这就是非常有名的萨迦派主寺修制的殊胜宝瓶，被视为“财王”。观世音菩萨因不忍众生忍受无尽的痛苦，以慈悲的力量化身为白玛哈嘎拉，首宏于香巴噶举，后传至萨迦派分支，为特别不共法门，是求财的智慧护法。

（3）三国吴主孙皓年号（公元 265—266 年）

（4）前秦苻坚年号（公元 359—364 年）

（5）辽东丹王耶律倍年号（公元 899—936 年）

由上可知佛教的起初发展对这些帝王产生的直接影响。不过，一些人或许并不同意我这种说法，但这不是本文的论辩重点。

“甘茶”属虎耳草科之灌木，八仙花之一种，又作叶甘草，为与“甘茶蔓”区别，又称“土常山”。花有两种，外围之花有大形之花萼，颜色初为青，后变为红色。六月时开花，仲夏摘叶，揉蒸而去青汁，待干后即可制茶。

《佛光大辞典》第 2050 页上我看到：

> 指黄色、甘味之茶以甘茶树之叶焙干后，将其煮沸而成之汤。于灌佛会时，甘茶与香汤、水共同作为甘露之用。相传释迦诞生时，天界龙王以甘露灌注佛顶，此后习俗相沿，遂成风气。

甘露又作不死液、神酒，甘露在印度为传说中的不死之药，喻涅槃。佛典中，常将佛法喻为甘露。如《大集经》卷三十四：“除痴爱获甘露涅槃。”南传佛典中也散见甘露道、甘露（法）雨、甘露界、甘露门等语。密教真言中也常用此语，如军荼利的小咒、阿弥陀如来的大心咒以及国人所习知的往生咒，其中之“阿蜜哩帝”或“阿弥利哆”等语，皆为“甘露”之音译。

1922年版《佛学大辞典》，著者丁福保在第833页上对“甘露”作了阐释：

> **光明文句五曰：“甘露是诸天不死之药，食者命长身安，力大体光。”正法念经九曰：“甘露为毒。”**

在藏传佛教密教中，阿弥陀佛为甘露王，称灌顶水为不死甘露。《无量寿经》卷上：“八功德水，湛然盈满，清净香洁，味如甘露。”

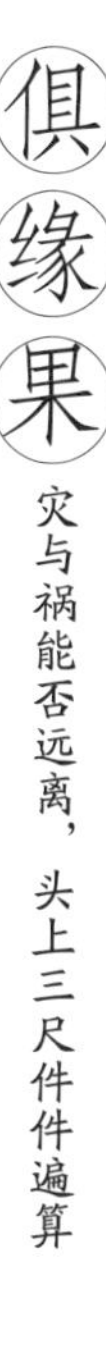

您见过木瓜吗？如果没有见过的话，那是否见过柚子？之所以写上述两种水果，是因为即将书写的俱缘果，在大多数朋友的生活中是没有见过的。为具象起见，搭建出木瓜和柚子作为辨识的桥梁。

“俱缘果”的汉译主要是“摩登隆伽”“摩独龙伽”“具缘果”“枸橼果”，它的果实似木瓜或柚子，属柠檬类。

1922 年版《佛学大辞典》，著者丁福保在第 1777 页写下“俱缘果”的解释：

（植物）准提观音手所持之果名。不空译之准提陀罗尼经曰：“第五手掌

俱缘果梵语 mātuluvga，巴利语同。音译摩登隆伽、摩独龙伽。密教孔雀明王的四种持物之一。又作具缘果、枸橼果。表调伏或息灾之意。此种果实颇似木瓜或柚子，属柠檬类。

具缘果，第六手持钺斧。”又不空译之大孔雀明王画像坛场仪轨曰：“具缘果（其果状似木瓜）。”

俱缘果是藏传佛教密宗孔雀明王的四种持物（手持莲花、俱缘果、吉祥果、孔雀尾）之一，表调伏或息灾之意。孔雀明王的形象庄严、慈悲，和蔼可亲，并以美丽的孔雀为坐骑。

佛陀住世时，一位比丘被毒蛇所咬，立时倒地，口吐白沫，两眼翻白，闻者见状，紧急请求佛陀救难，佛陀教其延续生命的《陀罗尼经》，它可免除毒害、免去恶疾，就是我们后来熟知的《孔雀明王咒》。

在古印度，非常盛行孔雀明王的修持文化。在藏传佛教，它是非常重要的本尊修法之一。在当代中国，孔雀明王的信仰文化，与重视医疗、环保等议题相生相绕。

突然想到2017年公映的一部电影《缘果》，这是一部以悲情的镜头展示拐卖儿童题材的影片，当人贩子偷孩子去贩卖眼角膜的场景出现时，我相信创作者一定知道佛教世界俱缘果的前世今生，用了“缘果”也就是“因果”之意的这么一个词，但这个缘与果对类似电影《缘果》里孩子的世界来说实在是太残酷了。

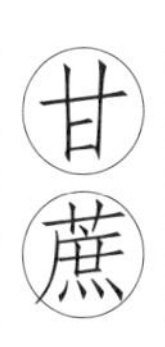

甘蔗极甜，若压取汁还灌甘蔗树，甘美必甚，得胜于彼。

——僧伽斯那撰，萧齐、求那毘地译《百喻经》

小时候，家在黑龙江省松花江边双城，那里有一种“田秆”，记忆中它青绿青绿的，也很细，是我们小伙伴儿夏天最喜欢吃的甜品。工作后，多次前往中国三大半岛之一的雷州半岛，这里是全国著名的甘蔗产地，每到榨糖季，连空气都充满了甜甜的味道。记得 2003 年在湛江雷州市调风镇丰收糖厂调研，我目击了一根紫色的甘蔗变成白砂糖的全过程。陪同人员告诉我，甘蔗为禾本科甘蔗属，多年生大草本，高约 3 米，湛江甘蔗基本能够长到 4 至 5 米高，叶尖而形成广线形，茎直立似竹，有节实心，呈圆柱形并分节，边缘锐利，在初秋时会长出大穗。湛江甘蔗里不仅含有大量甘甜的水分，更含有对人体有益的各种维生素。

知道甘蔗还在佛教世界留下过它的足迹，那是多年之后的事情了。

1922 年版《佛学大辞典》，著者丁福保在第 832 页写下对“甘蔗”的解释：

（譬喻）譬物之多者。维摩经法供

养品曰："三千大千世界，如来满中，如甘蔗竹苇稻麻丛林。"

令我惊奇的是，释迦族祖先自甘蔗生出，甘蔗成了释迦牟尼五姓之一，因此释种也称为甘蔗种。此外，甘蔗汁水也是修行者的八种饮料之一。在《佛本行集经》卷五中记载："甘蔗王之次前有王，名大茅草王。舍王位出家，得五通，称王仙。王仙衰老不能行，诸弟子盛之以草笼，悬于木，出而乞食。时有猎者，误王仙为白鸟，射杀之。其血滴处，后生甘蔗二本。炙于日而开剖。一生童子，一生童女。大臣闻而迎取之，养育于宫中。以日光炙甘蔗而生，故名善生，以自甘蔗而生，故名甘蔗生。"

根据《大日经疏》卷十六记载，瞿昙仙人于虚空中行欲，有二滞之污，落在地面，而生出甘蔗，经日光炙照，生出两个孩子，其中有一个孩子即释迦王，所以相传瞿昙仙人就是释迦种族之祖，释种也因此称为甘蔗种。

甘蔗也常被用来比喻极多的数量，如《维摩诘经·法供养品》说："三千大千世界，广大无边，释尊如来充满世界无所不遍，就像甘蔗、竹、稻、麻、丛林无处不有。"这里的甘蔗及竹、麻、稻、丛林都形容数量之多，以此说明无处不在的普遍性："三千大千世界，如来满中，譬如甘蔗、竹、苇、稻、麻、丛林。"

在南传佛教戒律中，通常过午不食，但可以吃药类或果汁。在《维拿耶》中是允许喝杧果汁等八种饮料，当然也就可以喝甘蔗浆。

阅读上述文字，还要尽可能地将自己放到佛教的图景中，去感受这个故事想传达给我们的真正含义。

我们生活的三千世界，每天都在无数次上演《百喻经》的故事，我们自己本身也是这个世界的演员，每天都在不同的舞台出演不同的角色。有谁在这个现世中没做过或者没听过“压甘蔗取汁用溉，冀望滋味返还种子”这样一厢情愿的事情呢？结果终究只能有一个：那就是所有甘蔗的一切都会失去。现实世界的期盼善果，却反获祸殃，这跟甘蔗彼此都失去的故事不是异曲同工吗？

2016 年《现代汉语词典》第 7 版 421 页，“甘蔗”的解释是：一年生或多年生草本植物，茎圆柱形，有节，表皮光滑，黄绿色或紫色。茎含糖分多，是主要的制糖原料。

沉醉在美好中，苦涩才是此后滋味

作为棕榈科的渴树罗，汉译为“朅树罗”和“佉珠罗”，意译为“酬果”。原产于伊朗，分布于印度、孟加拉、非洲北部等地。渴树罗叶呈栉齿状，果实如指头般大，味甚美。

有经验的长者说，若在黄昏时，将树干与枝叶的接口切开，置瓦罐于树下，待翌日清晨，瓮中即可盛满树汁。历经一段时间后，树汁即发酵，带有酸味，酿造后成酒，即是渴树罗浆。

《根本说一切有部百一羯磨》卷五列举可以饮用的八种浆药，其中第八种即为渴树罗浆。除此以外，有些浆液因杂含酒精成分，被佛教世界所禁止。

1922 年出版的《佛学大辞典》，著者丁福保在第 2238 页写下对 “渴树罗”的解释：

> （植物）果名。形小似枣。百一羯磨五曰：“形如小枣，涩而且甜。出波斯国，中方亦有，其味稍异，其树独生，状如椶榈，其果多有浆。至番禺时。人名为波斯枣，其味颇与干柿相似。”

佛陀住世时，一次在森林中驻扎，有一人带着礼物去拜访佛陀，礼物是无欲仙人所饮用的八种浆果，即有梨浆果、酸枣浆果、甘蔗浆果、蒲桃浆果等。佛陀为其说法后，此人将所带的八种浆果呈献给比丘们，但没有得到佛陀的明示，比丘们都不敢随意接受。于是佛陀说允许大众饮用所携带的八种浆果。

关于渴树罗的故事还有很多，其中有一个故事令我印象深刻。故事说，佛陀有一次来到长满渴树罗的村庄，一个小孩正在玩捏土造塔游戏，佛陀说自己圆寂后，将有一个迦腻色伽王在此建造大佛塔。公元1世纪以后，统领北印度犍陀罗国的迦腻色伽王在此修建十三级巨塔，在《洛阳伽蓝记》中，这个塔被称为“西域浮图，最为第一”。

《现代汉语词典》第7版1635页，“枣”的解释是：落叶乔木，幼枝上有成对的刺，叶子卵形或椭圆形，花黄绿色。结核果，暗红色，卵形、椭圆形或球形，味甜，可以吃，也可入药。

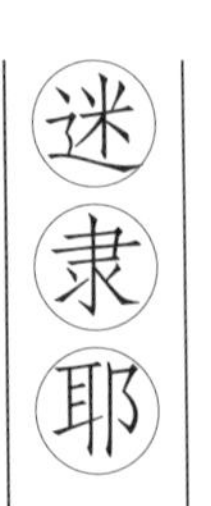

迷隶耶是梵语音译，多数直译为“昧娜也”，汉语意译就是“木酒”，也就是以植物之根、茎、花、果等所酿造的杂酒。迷隶耶甚具酒色、酒香、酒味，饮之令人惛醉。它的种类，据《四分律》卷十六所载，有梨汁酒、阎浮果酒、甘蔗酒、舍楼伽果酒、蕤汁酒、蒲桃酒等。

1922年出版的《佛学大辞典》，著者丁福保在第1764页上对“迷隶耶”的解释：

> （饮食）Maireya，又作迷丽耶，米隶耶。以果实根茎等所造之酒也。顺正理论三十八曰：“迷丽耶者，谓诸根叶花果汁为前方便，不和麴糵酝酿，且成酒色香味，饮已惛醉。”玄应音义

《现代汉语词典》第7版698页，“酒”的解释是：用粮食、水果等含淀粉或糖的物质经过发酵制成的含乙醇的饮料，如白酒、葡萄酒等。

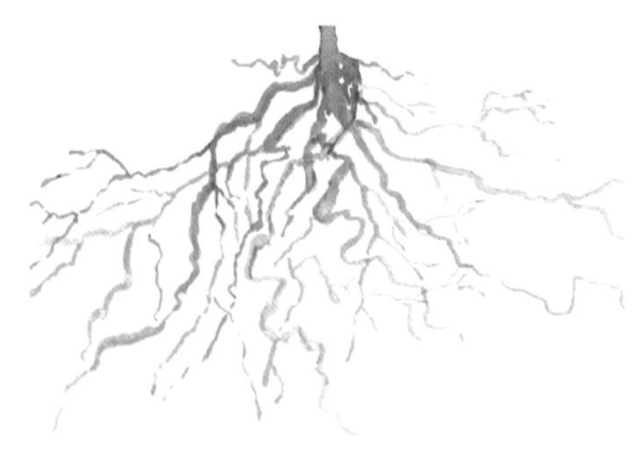

二十三曰：“米隶耶酒，谓根茎花果等杂酒。”

佛陀在拘舍迷国时，还没有制定比丘戒酒令。有一些比丘，每天喝得酩酊大醉，返回途中有的跌入深坑，有的撞到墙壁，衣衫不整，钵也摔坏，甚至身体也受到伤害。

许多在家人[①]非常反感一些比丘的这种行为。

一次佛陀率领1250名弟子前往一处毒龙出没之地降伏毒龙，目的是使民众田苗免受伤害。佛陀派遣手下沙竭陀成功降伏毒龙后，当地人为了感谢他，集体宴请他，结果他喝得酩酊大醉，返回之时，醉卧路边，呕吐了一地。

佛陀看到这种情形，就和弟子阿难把他扶到井边，并亲自为他洗去污垢，安放床上。但沙竭陀因醉酒胡乱翻身，脚就这样踩到了佛陀。

佛陀立即召集比丘集会商讨，留下了如下的对白：

佛陀：沙竭陀尊敬佛陀吗？
大众：是的，佛陀。
佛陀：现在他这样子，是尊敬佛陀的样子吗？
大众：不是。
佛陀：饮酒就要失去本性吗？
大众：不应该。
佛陀：沙竭陀之前帮助民众降伏了毒龙，现在

① 在家人：泛指僧、尼、道士以外的世俗之人。

还能吗?

大众：不能。

此时有比丘禀告佛陀，比丘饮酒，已遭受在家人厌恶很久了。于是佛陀呵斥饮酒的比丘后，制定了戒酒令。

翻开《瑜伽》四十三卷："云何菩萨此世他世乐利行？劝令远离一切窣罗，若迷隶耶、及以末陀、放逸处酒。"

之所以记住大小如槟榔的“摩陀那果”，是因为它在佛教世界的身份是“令人迷醉的果实”，这引起我的好奇心和研究的动力。

属茄科的摩陀那果，在汉译世界大多被译为“末达那”“摩达那”“摩陀罗”，意译为“醉人果”。

《佛光大辞典》第6071页，摩陀那果就这样毫无保留地呈现出来：

> 若食此果能令人醉。其树皮、树汁均有毒素，可供药用，多产于印度西部之高原。慧琳音义卷十八（大五四·四一九下）：“末达那果，梵语，西国果名也。此国无。其果大如槟榔，

《现代汉语词典》第7版1753页，“醉人”的解释是：使人喝醉；使人陶醉。

食之令人醉闷，亦名醉人果。堪入药用也。”

寻找“醉人果”的故事费尽周折，好在《众经撰杂譬喻》里面有。

一位长者率领五百弟子前往大海中寻求宝藏，出发前进行了教育：大海中有五种危险，一是有激流；二是有漩涡；三是有巨鱼；四是有女鬼；五是有醉果。你们每个人只有摆脱上述五种危险才有资格与我随行。

众人口中都信誓旦旦地答：没问题！

出发入海后，有一个弟子开始经受不了“醉人果”的香气诱惑，忍不住吃了一个，结果一醉就是七天，而这七天中，其他人都已经采满了宝物。长者下达返回命令时，突然发现缺少一人。大家四散开去寻找，最后在树下找到了这个偷吃“醉人果”的人，他依然昏昏大睡。于是长者折断一根树枝，让他倚靠，带回到船上返航。

回到出发地后，每个人都展示了他们的收获，唯独这个偷吃果实的人一无所有。他拄着这根树枝到集市上闲逛，竟有人要出巨额的价格买这根其貌不扬的树枝。偷吃果实的人当然不会放过这个机会，爽快地出售了。在他将这根树枝交给购买者后，很好奇地问上一句，您为什么要买这个手杖？这个购买手杖的人说，这可是树宝，将这根手杖焚烧后，其产生的烟气所熏过的石头砖瓦全都会变成珍珠财宝。

这个偷吃果实的人被买者给了一点点树枝，马上回家试验，果然成真。

熏瓦成宝这个故事，比喻经过佛教的熏修，诸恶行终将成为修法的法器。这个故事告诉我们，唯有精进努力，时刻警惕自己的修为。

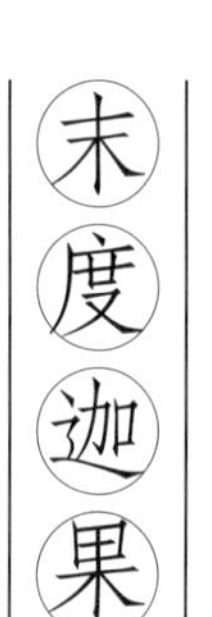

当世界呼啸而来，自我的本质应永不改变

每每看到这个末度迦果，我都会想起初中的物理学知识，这个果实在物理世界是永恒的“性质不变”，在佛教世界则是“业”的永恒不变，也就是不以外力的影响而使自身发生任何改变。

属赤铁科的末度迦，在《俱舍论》中的形象是这样的：“末度迦果，味道极美，其形如枣，而树似皂荚树，可达五米高，花甘美可食，可酿酒，果核可榨油，树干可供建筑用。”

《现代汉语词典》第7版1529页，关于“业”的三种解释之一是：佛教徒称一切行为、言语、思想为业，分别叫作身业、口业、意业，合称三业，包括善恶两面，一般专指恶业。

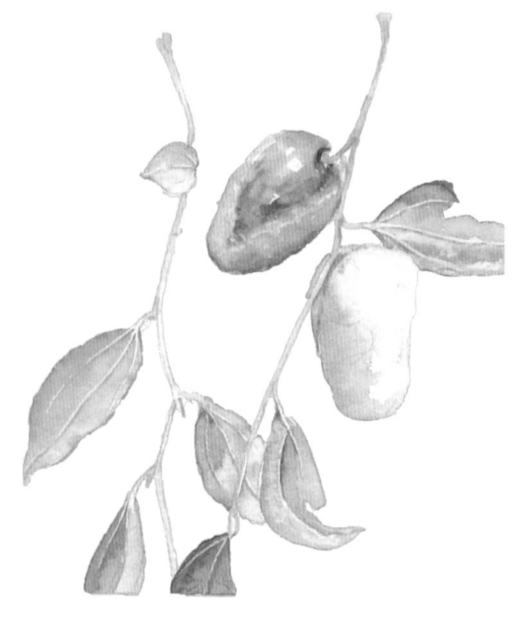

在《佛光大辞典》第 1944 页中，“末度迦果又作摩头，意译作蜜果。”

1922 年出版的《佛学大辞典》，著者丁福保在 2585 页上对“摩头”解释道：

> （植物）译曰美果。玄应音义二十四曰：“末度迦果，旧云摩头，此云美果也。”

在《阿毗达磨俱舍论》中，末度迦果出现的原因是因为它被赋予了“所作之业的本质”，不会因为田地的富饶或贫瘠而改变土地的本质，就好似什么花结什么果一样。

今天的世界，许多人求财心切，有些求财者以末度迦的木作金翅鸟王像，对此像念诵真言，所求皆得。

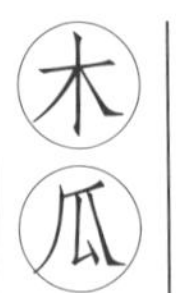

相遇、相知、相伴，就这样永以为续

在广州生活的岁月，记忆中最喜欢的一道粤式甜品就是木瓜炖雪蛤。虽然吃的次数是有限的，但满满的都是味觉的回忆。

木瓜为南方常见的水果之一，叶子很大，呈掌状分裂，果实多肉，可供食用，又名“万寿果”。

佛陀苦行之地被后人称为“苦行林”，具体地点就是优楼频螺村。梵文优楼频螺就是我们今天的木瓜，优楼频螺村即木瓜林。

木瓜的生物学特性是喜高温多湿气候，不耐寒，遇霜即发蔫，忌大风，忌积水。原来如此娇贵，怪不得木瓜在盛产地的价

《现代汉语词典》第7版927页，对于“木瓜”的解释是：

（1）落叶灌木或小乔木，叶子长椭圆形，花淡红色，果实长椭圆形，黄色，有香气，可入药。（2）这种植物的果实。

格也不便宜。

1922年出版的《佛学大辞典》，著者丁福保在2759页上写下对“优楼频螺”的解释：

> （植物）又作沤楼频螺，乌卢频罗，乌卢频螺，优楼毘蠡，优楼频蠡，木名。译曰木瓜。智度论三十四曰：“如释迦文佛，于沤楼频螺树林中，食一麻一米。”文句一之下曰：“优楼频蠡，亦优楼毘，（中略）此翻木瓜林。”又村名。苦行林所在之地。

根据佛经记载，有一罗汉名为优楼频螺迦叶，意译为“木瓜林迦叶”，是著名的三迦叶兄弟中最年长的一位。《法华经》中说，迦叶有三兄弟，其最年长者为优楼频螺迦叶。优楼频螺迦叶，是佛陀弟子三迦叶之一。

迦叶三兄弟领弟子千人住于摩揭陀国时，是当地有名望的长老，四方归信者云集。后来见佛陀降伏火龙而成为佛陀弟子。在印度山崎大塔塔门的浮雕中，就有佛陀教化三迦叶的故事。

木瓜传入中国，最晚也不会晚于12世纪，最早可能推前至唐代。木瓜树的枝叶绚烂，高枝上均在成熟期挂满了木瓜，木瓜的果皮光滑美观，果肉厚实细致、香气浓郁、汁水丰盈、甜美可口、营养丰富，有“百益之果”“水果之皇”的雅称，是岭南四大名果之一，为名副其实的“万寿果”。

木瓜在有些县城还被叫作“大奶果”，因其果外形似乳房，且其浆似乳汁，白色，故命名为“大奶果”。

从远处看，可以称得上是层林尽染、氤氲迤逦……

在台北的周末雨天，阅读林清玄的《木瓜树的选择》，似乎明白些什么：

> 路过市场，偶然看到一棵木瓜树苗，长在水沟里，依靠水沟底部一点点烂泥生活。这使我感到惊奇，一点点烂泥如何能让木瓜树苗长到腰部的高度呢？木瓜是浅根的植物，又怎么能在水沟里不被冲走呢？
>
> ……
>
> 如果把木瓜树苗移植到那里，一定会比长在水沟更好，木瓜树有知，也会欢喜吧！向市场摊贩要了塑胶袋，把木瓜和烂泥一起放在袋里，回家种植……两个星期之后，终于完全地枯萎了。

2007 年夏，在西藏从军近 20 年的好友兰宜宜到我在拉萨的住处——东郊嘎玛贡桑安居院看我，给我带的礼物是两个又红又亮的大石榴。我很惊讶，疑惑地问他，拉萨能长石榴？他笑着说，这是从家乡陕西临潼专门带来送你品尝的。

掰开一瓣，玛瑙般的籽粒晶莹透亮，一口下去就能咀嚼几十粒，这是我记忆中第一次囫囵吞枣般吃石榴，着实有些麻烦，吃相也不雅观。

那年冬天，一个雪花飘飞的拉萨午后，散步到八廓街上破旧不堪的新华书店，翻开被誉为影响西藏社会思想的萨班·贡噶

《现代汉语词典》第 7 版 1182 页，石榴的解释是：叶子长圆形，花多为红色，也有白色或黄色的。果实球形，内有很多种子，种子的外种皮多汁，可以吃。果皮可入药。

坚赞所著《萨迦格言》，无意中看到了“尼泊尔的石榴不用尝，看颜色就知其滋味”的警句，这部出版已二十余年的西藏最早哲理诗集就这样被我爱不释手地从高原带回了北京。随着人生阅历的增长，对石榴因时产生颜色变幻有了顿悟之感：当石榴真正成熟时，外表一定会呈红黄色，味道一定会酸甜。言外之意就是对环境的变化一定要有准确的预判性。

从事民族与宗教心理学博士后研究工作后，经常听到这样一句核心语——让各民族像石榴籽一样紧紧拥抱在一起。无论在何种场合听到这句话，我的脑海中都会出现石榴籽的样子，它们相拥相抱，不离不分。

2016年初夏，到河北凤凰山参访恒岳药师道场——顺平大佛光寺，沿石阶而上，在大雄宝殿广场西侧，有一株大石榴树，真是榴花照眼明。百日之后，再来此寺，火红的石榴果高挂枝头，这是我第一次近距离看到成熟的石榴果。时任保定市佛教协会会长、大佛光寺开山尊长的上真下广大和尚告诉我：“石榴是我们佛教的粮食植物，在佛教经典中，鬼子母神所持的果物就是石榴，在一切供物的果子之中，石榴为上。”石榴为吉祥之果，因石榴一花多果，一房千实、一房千子，因此称鬼子母为千子之母，当然也有说是五百子之母，更有说是一万子之母，故称之为“吉祥之果”。

来到位于北京通州的光中书院图书室，打开这部来自中国台湾佛光山的《佛光大辞典》，第2138页上载瞿醯经奉请供养品：“其果子中，石榴为上。”

原来，被称为“百花王”的石榴是与佛陀相伴的吉祥果，从史学源流上考究，石榴原名是“安石榴”，在汉代张骞出使西域18年后，自中亚安息国将石榴带回中原。安息即帕提亚古国，在今伊朗，自古产石榴，帕提亚王朝名为Arshak，正是“安石”的对音。此事被记载到西晋陆机《与弟云书》中。在唐代，临潼石榴主要分布于骊山北麓和秦皇陵一带，会理石榴每年则由南诏王作为贡品送往皇宫。

山东菏泽的朋友常德品告诉我，他自家种植的石榴树每年3月就开始抽芽，4月时家家户户的石榴树就全部枝头满绿了。他笑着说起在石榴树下的午觉，成为他儿时最美的记忆，尤其是睡醒睁眼后，当万绿丛中展现第一点醒目的花蕊红后，火红的石榴花一定会在十天半月后就成了石榴树的全部。9月前后，当石榴果红后，他的母亲每天都会摘两个石榴塞进他的书包。

如果有机会走入四川会理、山东峄城、陕西临潼、安徽怀远、云南蒙自和建水、新疆叶城、江苏徐州、河南开封等地的佛教寺院，都能看到石榴树的身影，因为这些佛寺所在的区域是中国石榴最著名的八大产区。

翻开清代性音重编的八卷本《禅宗杂毒海》第五卷，谷源道的《石榴》写道：

一种灵根傍石栽，
开花结子绝安排。

珠玑满腹无人识，
直待通红口自开。

看到上面的诗句，思绪一下子回到河北石家庄大者学社，那里的满园石榴令我惊讶，学社负责人郝墨玉看出我的惊讶，笑着说："中国人视石榴为吉祥物，是因为石榴'千房同膜，千子如一'，实乃多子多福的象征，因此大者园区在整体规划上就按照'三季有花，四季有绿'的理念，选择种石榴也是为了丰富不同季节的花色，樱花、山杏等花期是 3 至 4 月，石榴花期为 5 至 6 月，这样尽可能保证不同月份园子都有花开。"

于我而言，这些火红火红的石榴树旁，就是河北省图书馆大者分馆所在地。端坐馆中，无论是人或物，只要珠玑满腹，总会有缘相识。

每次国家举行重大活动的时候，中央电视台的画面都会给出一个又一个国徽的特写，这让我有机会以三维的视野看到国徽的细部：国旗、天安门、齿轮和麦稻穗。

麦稻穗是国家丰收的象征。

稻是我们的重要粮食，稻田有水稻和旱稻两种，如果有机会深入黑龙江省五常水稻田产区，我们就会看到一年生草本稻米的茎高 1 米多，累累成穗于农历八月，籽实椭圆，有硬壳，去壳后就是雪白晶莹的大米。以黏性而言，可分蓬莱稻、在来稻两种；若以成熟的先后顺序言，又可分早稻、晚稻两种。

印度尼赫鲁大学高适博士告诉我，在印度的稻米产区，“稻谷”脱叶后，连壳煮一次，晒干后储藏，然后拿出需要的量，用脚踩的杵除去米糠。很多国家都将饱满的稻穗视为丰收的象征，印度也视稻穗为财富与丰收女神罗库修米的象征，成为各种仪式必不可缺的物品。

作为“五谷”之一的稻谷，其余四谷则是“大（小）麦”“小米”“大豆”“黄米”。佛教世界的“稻谷”是修行者适合吃的十三种食物之一，也是密教修法中的五谷之一。

稻米成为佛教世界的譬喻，这着实令

我没有想到。1922年出版的《佛学大辞典》，著者丁福保在第1504 ~ 1505页上写下《涅槃经》里关于盲人不识“乳色”的稻谷譬喻：

盲人言：乳色何似？
他人答言：色白如贝。
盲人复问：是乳色者如贝声耶？

《现代汉语词典》第7版266页，“稻谷”的解释是：没有去壳的稻的籽实。“稻米”的解释是去了壳的稻的籽实；大米。

答言不也。

复问贝色为何似耶？

答言犹稻米末。

盲人复问：乳色柔软如稻米末耶？稻米末者，复何所似？

答言：犹如雨雪。

盲人复言彼稻米末，冷如雪耶？雪复何似？

答言犹如白鹤。是生盲人虽闻如是四种譬喻，终不能复识乳真色。是诸外道，亦复如是，终不能识常乐我净。

在梵文本《入楞伽经》中，指出修行者适合吃的食物有以下十三种：米、大麦、小麦、绿豆、豆、红豆、酪、胡麻油、蜜、粗糖、黑糖、蜜糖、糖汁。

佛经中常以稻、麻、竹等农作物的普遍与众多，来比喻菩萨了达义趣，善于说法，遍满十方。翻开《妙法莲华经》：“新发意菩萨供养无数佛，了达诸义趣，又能善说法，如稻、麻、竹苇，充满十方刹。”在《大方广菩萨藏文殊师利根本仪轨经》中：“求取大乘菩萨法的行者，安住身心，以真言加持过的净水净身之故，在火坛前面向东北，坐吉祥草座，用稻谷花、龙脑香等名香，相合作搏食七千个，作为护摩火供用。”

合上佛教的经卷，我猛然想起“杂交水稻之父”袁隆平（1930—2021年），想起他为中国人的粮食殚精竭虑，想起他曾经讲过的一个梦，梦到杂交水稻的茎秆高如高粱，穗如扫帚，稻谷就像一串串葡萄那样，他和助手们一起在稻田里散步，享受着稻谷下的清凉……

禾下乘凉梦，方为人间最至善。

在距离北京西北360千米的武州川北岸，气候严寒、十年九旱。1500多年前，石窟在这里开凿，是为云冈石窟，自此创造了辉煌至今的中国佛教田野记忆。

自明代起，面对恶劣的自然环境，云冈石窟周围百里的民众开始种植耐瘠、耐旱、易活的黄花以糊口养家。

作为百合科多年生草本宿根植物的黄花，就是我们常说的“黄花菜”“金针花”“金针菜”“柠檬萱草”，主要生长在海拔2000米以下的山坡、山谷、荒地或林缘，耐寒，华北可露地越冬，适应性极强。它在春寒料峭的季节钻出地面，最终生长成浑身宝物——它的花可被加工成干菜，它的根可酿酒，它的叶可造纸和编草垫，它的花葶干后可做燃料……

每到6月，石窟脚下将开遍黄花，6片花瓣围绕着长长花蕊，开放成喇叭状。无论是天之注定的样貌，抑或是历史的因缘际会，黄花在佛教世界的图景中自有它的位置。

这一点，种植黄花的云冈人可能自己也没有想到。在汉中沙门可洪撰、依河府方山延祚藏的《新集藏经音义随函录》第二十九卷中，将被称为“黄花”的“萱草”解释成“忘忧草”。“忘忧草”所开的花被称作“萱花”，花似百合。

这让我想起名将李陵（？一前 74 年）与萱草的故事。李陵奉汉武帝（前 156—前 87 年）之命率五千精兵血战八万匈奴兵于荒漠，最终力竭而降。自此他与苏武（前 140—前 60 年）同在天涯。当苏武返国，李陵因娶单于女儿为妻断不能回归，于是置酒为苏武送行，写下《李陵赠苏武别诗》：“……亲人随风散，历历如流星……愿得萱草枝，以解饥渴情。”身在异邦的李陵，只愿能得到一枝故土的萱草，寄托思念。

还是这枝萱草，早在康乃馨成为全球化世界的母

被称为“萱草”的黄花叶狭长而细，茎顶分枝开花，花形似百合，花红黄或橙黄色。黄花以它俊美的外形和独特的风韵，成为中国最早一批与文人墨客结缘的佛教植物。唐代著名诗人白居易在他的《酬梦得比萱草见赠》中，写下“杜康能散闷，萱草解忘忧”的诗句，将萱草作为忘却烦恼的药方。黄花作为佛家世界的“素食三珍”之一，是中国民主革命的伟大先行者孙中山先生的最爱。

爱象征前，它是中国古代名副其实的母亲花。翻开明代汤显祖著《牡丹亭》，就有“祝萱花椿树，见这蟠桃熟”的句子，“萱花椿树”的背后含义则是喻指双亲，其中“萱花”以喻母亲，“椿树”借指父亲。

这棵佛教世界的忘忧草，就这样成为凡间社会一种念亲恩的隐喻。当似水流年，当长夜空虚，当枕冷夜泣时，是否还会一遍遍提醒自己何日报亲恩?

情感世界的黄花在 2020 年的立夏，演化为开启云冈脱贫历史的新载体。

2020 年 5 月 11 日，当云冈石窟脚下的黄花正处于满目翠色之际，在云州有机黄花标准化种植基地，中共中央总书记、国家主席、中央军委主席习近平来此考察。作为闻名全国的“黄花之乡”，这里的有机黄花标准化种植基地面积约 1.68 万亩，亩产新鲜黄花约 3000 余斤。每年 7 月前后，花尚未全开时，可采作菜食，这标志着采摘季的正式到来。

在 2020 年 5 月 12 日的《新闻联播》中，习近平总书记考察的“黄花”种植基地已成为大同农民脱贫的“当家花旦”，他希望黄花成为乡亲们的“致富花”。

一株忘忧草，万户脱贫计……

黄花自己也不会想到，除了是被古人赋予疗愁、感恩的使者之外，它在 2020 年开启了为时代脱贫的新使命。

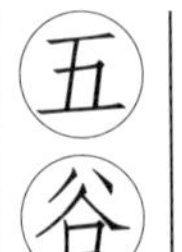

这是食后能安性格的五智之宝

小的时候，每到春节，虽然天寒地冻，家门口外的大街上都有秧歌队在扭秧歌，清楚地记得有一个秧歌队名字叫五谷丰登队，这是我对五谷丰登的最早记忆。那时候，粮食还是计划供应制度，我们家每个月只能买五斤大米，母亲常常将大米和小米混在一起，给一家人做“二米饭”，有时候还会做红高粱米饭，说多吃点五谷杂粮，身体健康。就这样，在我的印象中，五谷中一定有大米、小米、高粱米、黄黏米、大碴子。

在小学时代，热播的电视剧《西游记》，里面有这样一句被我牢记：“世有五谷，

《现代汉语词典》第7版1388页，“五谷”的解释是：五种谷物，古书中有不同的说法，通常指稻、黍、稷、麦、豆，泛指粮食作物。

尽能济饥，为何吃人度日？”然后就用这句话装神弄鬼和小朋友们打闹。虽然张口就来的五谷，其实依然一知半解。直到写这篇文稿时，我才认认真真看资料，得到的答案也是说法不一，但以稻、黍、稷、麦、豆为五谷是大多数人所赞同的。

1922 年出版的《佛学大辞典》第 577 页，作者丁福保对“五谷”作了如下解释：

> （名数）一稻谷，二大麦，三小麦，四菉豆，五白芥子。见法华轨。一大麦，二小麦，三稻谷，四小豆，五胡麻，见建立轨，一髻尊陀罗尼经。

中国台湾佛光山出版的《佛光大辞典》，第 1196 页上写道：

> 密教修护摩法时，以五谷为供养物，又建立曼荼罗时，与五宝、五药、五香等物共纳于瓶中，置于坛场中心及四方之埋宝处。此埋宝之法即表示安立菩提心中的五智之宝，即能起五谷之善芽，灭除五种过惑。然五谷之名称依经轨而异，如苏悉地经卷下举出稻谷、大麦、小麦、小豆、胡麻等五种；
>
> 陀罗尼集经卷十二举出稻谷、小豆、小麦、大麦、青稞等五种；观智仪轨则举出稻谷、大麦、小麦、绿豆、白芥子等五种。

在佛教经典研究中，在《蕤呬耶经》卷中、《陀罗尼集经》卷九、《金刚顶瑜伽中略出念诵经》卷四、《大日经疏》卷四都有五谷的身影。

善学尽理，善行究难。

我对五果的概念，只是一知半解，严格说那就是毫无知晓。《三藏法数》卷二十四、《翻译名义集》卷三都对“五果”作了说明:“受戒之比丘不食生物，谓如枣、杏等果必以火熟之方食，肤壳之果则须以刀去其皮再食。”

这句话清晰传达了一个信息，佛教世界中吃苹果、吃鸭梨必须削皮，比丘也不可以生吃枣，也不可以生吃杏。只是这个规矩到今天是否还需生硬地成为根本遵循?

我对这段话印象深刻，这里的“五果”

不同的地域对“五果”有不同的选择，但绝不可望文生义，想当然认为“五果”均是水果。

是这样的：

（一）有核果——枣、杏、桃、李等果；

（二）有肤果——瓜、梨、柰、椹等果；

（三）有壳果——椰子、胡桃、石榴等果；

（四）有桧果——松子、柏子、苏荏等粗糠皮类之果实；

（五）有角果——指菱豆、大小豆类等。

1922年出版的《佛学大辞典》第531页，作者丁福保对“五果”作了一句话解释：

（杂语）有种种之说。

中国台湾佛光山出版的《佛光大辞典》，第1180页上写道：

梵语。五种果之意。

此外，在《盂兰盆经疏》卷下、《盂兰盆经新疏》《小丛林略清规》卷上、《洞上行事轨范》卷中，亦举出瓜、茄、面、馒、饼为五果。

种种说法，不一而足，就此搁笔。

十方天仙，嫌其臭秽咸皆远离的植物

五辛就是五种带有辛味的蔬菜。在我的记忆中，分别是大蒜、茖葱、慈葱、兰葱、兴渠，在《梵网经》卷下及《杂阿含经》都是如此认为。五种之首的大蒜还是汉代张骞出使西域的大宛国时带回，成为今天佛教世界以外最平常的调味品。五种之尾的“兴渠”在《玄应音义》卷十九就有记载：“兴渠出于阇乌荼娑佗那国。”这个兴渠原产在伊朗及北印度，其臭如蒜。

关于五辛，还有一说，说它们是蒜、葱、韭、兴渠、薤五种。

2003年上海辞书出版社的《辞海》彩图音序珍藏本第2594页，“于阗”的解释是：古西域国名。在今新疆和田一带。居民从事农牧，多桑麻，产美玉。有文字，西汉时传入佛教，北宋时改信伊斯兰教。1959年改名于田县。

学习佛教经典的有缘人从一开始就被要求戒食五辛，尤其是戒食大蒜，原因是五辛中含有极大的刺激性，熟吃使人淫火焚身，生啖使人增瞋恚，学佛之人一旦有了欲念和瞋恚，便会蒙蔽智慧，增长愚痴。

难道学佛之人真的一点都不能吃？会不会有例外？答案果然是有。五辛之戒虽为修行者所严格持守，但若因重病而非食五辛不得痊愈者，佛陀亦特别开许。在《诸经要集》卷二十所引僧祇律、十诵律、五分律记载，因病食蒜之比丘，应在七日中另居于一僻静之小房内，不得卧僧床褥，复不得至大众方便处、讲堂处、佛塔、僧堂等处，亦不得就佛礼拜，仅能在下风处遥礼，于七日满后，需澡浴熏衣，方得入众。

1922 年出版的《佛学大辞典》，著者丁福保在第 526 页写道：

> （杂语）又曰五荤。五种有辛味之蔬菜也。梵网经下曰："若佛子不得食五辛：大蒜、茖葱、慈葱、兰葱、兴渠，是五种一切食中不得食。若故食，犯轻垢罪。"楞严经八曰："诸众生求三摩提，当断世间五种辛菜。此五种辛，熟食发婬，生啖增恚。如是食辛之人，纵能宣说十二部经，十方天仙嫌其臭秽，咸皆远离。"天台戒疏下曰："旧云：五辛谓蒜、葱葱、兴渠、韭、薤，此文止兰葱足以为五，兼名苑分别五辛。大蒜，是葫菱；茖葱是薤；慈葱是葱；兰葱是小蒜；兴渠是葱蒺也。"兴渠为梵语辛胶之名。唐高僧传，谓僧徒多迷兴

渠，或云芸薹胡荽，或云阿魏，唯净土集中别行书出云五辛，此土唯有四，阙于兴渠。兴渠生于阗，根粗如细蔓菁而白，其臭如蒜。薹荽非五辛，所食无罪。今他书犹多以芸薹胡荽为荤，不知其误。

《佛光大辞典》，第1099页对“五辛”的食用禁忌作了引述：

又作五荤。与酒、肉同为佛弟子所禁食之物。

对于五辛，诸经疏之版本非常多，如《菩萨戒义疏》卷下说大蒜是葫菱，茖葱是薤，慈葱是葱，兰葱是小蒜，兴渠是葱蒺；如《宋高僧传》卷二十九慧日传说兴渠，或称芸薹胡荽，或称阿魏，产于于阗……

当贪欲和烦恼在身，所散其臭无可遮难以蔽

作为五辛之一，兴渠在汉译文献中常常被译为“兴旧”“兴宜”“形虞”“兴瞿”“形具”，它是高2米左右的大草本植物，其根粗壮，色白，有臭味如蒜，可食用，冬季不见枝叶。如果切断茎枝，会有液体流出，当液体凝固后可制作驱虫除臭的樟脑。

兴渠主要产于印度、伊朗、阿富汗和我国西藏、新疆和田等地，但它绝不是芸薹，胡荽。《玄应音义》卷十九:“出于阇乌荼娑佗那国，彼土人常所食者也。”有以兴渠为我国之芸薹，实系误传。

1922年出版的《佛学大辞典》，著者

在佛教世界里，各种规矩都要遵守，此臭在他世界可能就是“好东西”。

丁福保在第2676页上对“兴渠”的解释：

> （饮食）慧琳音义六十八曰：“兴瞿，梵语药名，唐云阿魏也。”宋僧传二十九慧日传曰：“僧徒多迷五辛中兴渠，兴渠人多说不同，或云芸薹胡荽，或云阿魏。（中略）五辛此土唯有四：一蒜二韭三葱四薤，阙于兴渠。梵语稍讹，正云形具。余国不见，回至于阗方得见也……薹荽非五辛，所食无罪。”

食用兴渠，口中和身体会散发出强烈气味，被佛教世界用来比喻众生因贪婪和欲望而产生烦恼，贪婪欲望的产生就好像兴渠所散发出的熏臭气。

林木篇

摇曳惹风吹

林木篇引言

见木思林，见林思木。天下行走，满目所见有木、有林、更有森，却不知佛教世界的“天树”之力究竟大到几何。佛教世界的春幡“雪柳”作用何在？佛教世界的“杨枝”甘露，净水如何洒三千？广州六榕寺的大榕树是否就是菩提树的东方“化身”？

当我在我国西藏拉萨、缅甸克钦邦密支那触摸古老的贝叶经，它们穿透岁月的千年又千年，史家的作答讲道：“梵文贝叶经当之无愧是‘佛教元典’。”

当我游历到天安门东侧不远处的菖蒲河公园，我写下“天光云影，流水无声”；当我看到“祇树”，不仅想到了“孤独园”，更体悟到“纵然遮风挡雨，却只愿生生世世……”

吉光片羽，如是我闻。

什么样的力量才会让一个人“悉遂所求”？具此力量者，唯有能随天意而转的“如意树”。于是《佛光大辞典》直接将“如意树”翻译为“天意树”。

这株“如意树”不仅是佛教世界的“天树”，还是“天树之王”。它究竟有何令人赞叹的力量？

1922年出版的《佛学大辞典》，著者丁福保在第475页上对“天意树”的解释：

《现代汉语词典》第7版1110页，“如意”的解释是：（一）符合心意；（二）一种象征吉祥的器物，用玉、竹、骨等制成，头呈灵芝形或云彩，柄微曲，供赏玩。

（杂名）天上之如意树也。慧琳音义二十五曰：“天意树，诸天有树随天意转，所求皆遂，故得名也。”

在《金刚顶经》中，此树能随意念产生所需一切之物，如衣服、饰物、工具等。此外，还有一种说法是，此树的花开花谢，可以侦测白天与黑夜的时间。

如果我们去过印度，就会看到一些风俗，那就是鲜花会被长者挂在树上，赋予意义。

在印度，如意树常常被用来比喻国王、天神。如满足所有请愿者希望得到的“如意树”，它的双脚就会被国王或天神帽子上的宝珠所照耀。

在《大方广佛华严经》中，有这样一个故事：天上的神仙生活，身既充足，各随人愿，当他们沐浴之后，就会来到如意树下，树枝就会自然伸展并散发出种种香气。这些神仙就以这些香气甘露涂抹身体，此后树枝上再次生出种种华贵的衣服和饰品，伸手就能够取到。

想想，这该是多么美好的愿景。

在大学时代，曾读过“印度短篇小说之王”普列姆昌德的《如意树》，这部由上海译文出版社 1980 年代出版的书籍令我走进另一个真情世界：

公子拉杰那特在父亲病逝后，被父亲的仇人追杀，不得不与自己的恋人——父亲的女仆金达分开逃命。最终公子被仇人关押 20 余年后获得自由，但金达已死去。他们年轻时一起种植的如意树早已枝繁叶茂，他想起金达为他殉情的场景，于是以同样的方式在如意树下结束了自己的生命。当人们发现公子的尸体后，如意树上便多了一对小鸟，没有人怀疑这一对小鸟是公子与金达的化身。

如果这是幻觉，但愿这幻觉永驻。

此外，研究藏传佛教宁玛派的朋友都知道蔡巴司徒・贡噶多杰的著作《红史》，它是藏族史学中第一部综合通史著作，体裁为后来的藏文史籍所承袭。陈庆英（1941—2022 年）、周润年均是我在中央民族大学藏学研究院攻读博士学位时的先生，认真阅读过他们两位 1988 年合作译出的汉译本，可知《红史》的原始材料很重要的一部分来源就是《王统如意树史》。

2006 年，我恰好在西藏，恰好阅读了马丽华在北京十月文艺出版社出版的著作《如意高地》，这个“如意”似乎就暗含此意。

行走人间的旅途，我们所见的“如意”背后其实都是含辛茹苦、少为人知的拼搏与积淀所造就。

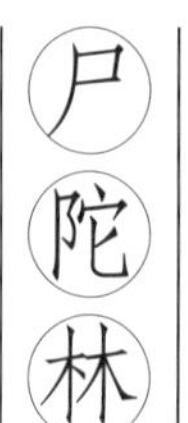

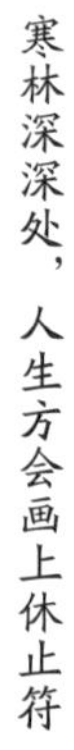

宋代苏轼（1037—1101年）在《赠章默》诗中有这样一句话：“弃身尸陀林，乌鸢任狼藉。”当时懵懵懂懂，还不知道什么是尸陀林，也不求甚解地让知识点从我的记忆中飘过。

当我拥有了《佛学大辞典》，没事的时候总是胡乱翻上一番，方渐渐看明白一些词语的来龙去脉。

尸陀林位于中印度摩揭陀国王舍城北方之森林，实际上就是该国弃尸的地方，

《现代汉语词典》第7版第1381页，“无常”的解释是：一是时常变化，变化不定；二是鬼名，迷信的人认为人将死时有“无常鬼”来勾魂；三是婉辞，指人死。

林中幽邃且寒，初为该城人民弃尸之所，后为罪人之居地，多被汉译为“尸多婆那”“寒林”“尸多婆那林”“尸摩赊那林”“深摩舍那林”等。

1922年出版的《佛学大辞典》，著者丁福保在第445页上对“尸陀林”的解释：

> （地名）玄应音义七曰：“尸陀林，正音言尸多婆那，此名寒林。其林幽邃而寒，因以名也。在王舍城侧，死人多送其中。今总指弃尸之处名尸陀林者，取彼名之也。”……西域记谓如来在日，葬比丘于尸陀林。

在佛教世界，尸陀林的真正用意是想告诉世间的我们：要时时感受到生命的危与脆，感受到生命的无常才是常态。

感念情聚，亘古不变。

岁月穿梭到鬓角如霜，几人夜来幽梦忽还乡？

每次到河南开封，都会本能地想起《东京梦华录》这本书，书中有一个细节让人过目不忘，就是宋代京城妇女在元宵节时会精心装扮自己的头饰：用绢花装成花枝。想象一下，满街的女性都是典雅精致状。赶紧查询原著，找出宋代孟元老的《东京梦华录》卷六·立春：“府前左右，百姓卖小春牛，往往花装栏坐，上列百戏人物，

《现代汉语词典》第7版1490页，“雪柳”的解释是：落叶灌木，小枝四棱形，叶子披针形或卵状披针形，有光泽，花白色，有香气。供观赏。

春幡雪柳，各相献遗。”这是雪柳在我脑海中的最初美像。

2006年，当我第一次来到拉萨，参观大昭寺门前的公主柳，现在西藏山南市公安局警务督察支队担任支队长的朋友古鹏飞说这是“雪柳”，一下子想起《东京梦华录》，原来就是柳树啊。很长时间，对外地来的朋友介绍这株公主柳时，我都脱口而出说这是“雪柳”。

其实我错了。

朋友因为口音的问题，“雪柳”实际上是他口中的“水柳”。我之所以愿意称“雪柳”，想来是因为顾名思义——雪域高原的柳树。事实上，那株文成公主带入西藏的柳树，在“文革”时期已经毁于大火。

很多年后我才知道，被我张冠李戴的雪柳真有其物，它是落叶灌木，可高达8米，喜湿润、耐严寒，叶子具有光泽，花为白色，带有香味，但我并不知道佛教世界里的雪柳还具有特殊用处。

阅读《敕修百丈清规》卷六，在“亡僧条、禅林象器笺器物门”下这样写道：

> 截白纸作成柳之枝叶状。于葬仪之际，唱念佛名，并将此物投于棺上，以表与死者惜别之意。系源于我国送别远行之友人，有折路边柳枝，以表惜别，期望再会之风俗。行于宋代，后为禅宗所袭用。

再翻阅《敕修百丈清规》卷三，在“住持迁化条”

下这样写道：

葬仪时用于棺前之纸当作供华。又作四华、素华。俗称纸花。左右一对，每瓶四枝，双方合为八株，用白纸裁成栉形，又用竹卷为�柄。形乃象征释迦牟尼佛入灭时，卧处四边各有同根娑罗树一双，各边皆有一树因悲伤而惨然变白，枝叶、花果、皮干皆爆裂堕落，逐渐枯萎。四边皆仅余一株，故此双树亦称四枯四荣树。释氏要览卷下送终篇载，以白纸作沙罗华，用八树簇绳床，表双林之相。此为我国自古所采用。

《佛光大辞典》第3264页引述了“雪柳”的作用：

敕修百丈清规卷三迁化条（大四八·一一二八下）：“主丧领众，两两分出，左右俵散雪柳，齐步并行，毋得挨肩交语，各怀悲感。”

对民间习俗来说，“雪柳”就是出殡时，持以引导灵柩前行的仪杖。它用细条白纸做成，挂于竹枝或木棍上，形似柳而色白，故称“雪柳”。

袅袅余烟柳叶下，善恶总能不徘徊

2019年5月，在位于台北南港的“中央研究院”大门前，一位梵音素心的善者将《妙法莲华经观世音菩萨普门品》递到我的手上，看上去只有手掌大小，为绸缎折页，极其考究，并标注为“非卖品”，落款为台北两位智者恭印。右翻第一页，《杨枝净水赞》立现我的眼前，脑海中瞬间想起了佛教寺院里千万人齐声高诵的“杨枝净水，遍洒三千……火焰化红莲”。

在返回近代史研究所办公室的路上，我不由得想起了年少的我，每次看《西游记》

杨枝就是杨柳的枝条，旧俗于分别之际常折以送行。宋末元初戴表元的《昨日行》：“杨枝不耐秋风吹，薄交易结还易离。”清王士禛《杨枝紫云曲》之一：“名园一树绿杨枝，眠起东风踠地垂。”

里的观音菩萨，一身洁白服饰的她，手中总是端着一个神奇的小白瓶，这个瓶子不仅能降伏妖怪，瓶口还总插着一根杨枝，每每轻拂杨柳枝条时，总会有神奇的正义力量呈现荧屏。

永远不会忘记《西游记》里，当孙悟空推倒人参果树后，观音菩萨用法器杨枝甘露水把人参果树救活了的场景，那是童年心灵中最震撼和美好的愿景。我的好友徐羽杰小兄是一个《西游记》研究迷，他很正式地告诉我："被推倒之前的人参果树不光是吸取天地日月之精华，同时就连方圆百里的动植物、人类、世俗凡间的精气都来之不拒，这就是为什么五庄观附近百里都没有人烟的原因。而被杨枝甘露水复活后的树，仿佛被净化了一般，不再吸取生灵之精华，这就说明杨枝有净化的根本特征。"

后来，慢慢地走进佛教经典的世界，记得身居京西法华寺后三楼宿舍期间，有机会静心阅读东晋法显的《佛国记》，我竟看到了这样一幕场景描写："出沙祇城南门，道东，佛本在此嚼杨枝。"

当时内心打上了大大的疑问，释迦牟尼缘何要嚼观世音菩萨的杨枝呢？此时还想当然地给自己脑补了一下，幻想自己痛苦地用嘴嚼杨枝的样子。

还是在这个今已不存的宿舍中，我又读到了《隋书·南蛮传·真腊》，里面的"以杨枝净齿"这句话仿佛让我有所领悟。

再往后的日子，对杨枝的理解更进了一步，杨枝是清洁口腔用的木片，用来洗刷牙齿，大如小指。在古印度风俗中，凡请客人，先赠齿木及香水，以祝祷其健康，并示恳请之意，故请佛菩萨亦用杨枝与净水。

原来如此。

在写作此文时，我翻开1922年版《佛学大辞典》，著者丁福保在第2408页上对“杨枝”作了解释：

> （物名）梵曰惮哆家瑟诧，译曰齿木。啮小枝之头为细条，用刷牙齿者。杨枝者义译也。寄归传一曰：每日旦朝须嚼齿木揩齿，刮舌务令如法，盥漱清净，方行敬礼……其齿木者，梵云惮哆家瑟诧。惮哆译之为齿，家瑟诧即是其木……齿木名为杨枝，西国柳树全稀，译者辄传斯号，佛齿木树实非杨柳。

在《佛光大辞典》第5487页载：“为佛制比丘十八物之一。”据毗尼日用切要所载，有四种杨木可作梳齿之用，即白杨、青杨、赤杨、黄杨。然不独杨柳之属可作齿木，一切木皆可梳齿。

想起《观音忏法》，我今具杨枝净水，唯愿……

唯愿，是一种愿行。

愿，天下都是善人。

在我的人生记忆中，第一次见到“劫波”这个词，是因为鲁迅（1881—1936年）先生，他在1933年6月21日写下了《题三义塔》，诗词的最后两句就是“度尽劫波兄弟在，相逢一笑泯恩仇”。对1980年代如我这样的中学生来说，这样的诗句反射到我的脑海中就变成了当时大街小巷的流行曲，在自己的有限视阈中只看到《上海滩》里的浪奔、浪流，混作滔滔一片潮流……本质上对鲁迅先生的这句真义则完全不知。

记得2005年，因为得到一笔近千元的

《辞海》第1038页，“劫波”的解释是：“远大时节”。源于古印度婆罗门教，认为世界经历若干万年毁灭一次，“从此以后”又重新开始，此一灭一生称作一“劫”。为古印度最长的时间单位，一劫等于梵天的一个白天，或一千个时，即人间四十三亿三千二百万年。后人借用，指天灾人祸等厄运，如劫数、浩劫。

大额稿费，于是赶紧坐公交转地铁从位于京西北航天城的家来到北京西单图书大厦，狠心买了心仪已久的那套人民文学出版社最新版的《鲁迅全集》，我随后将这套书背到了拉萨，就在拉萨东郊宝瓶山下的住处，再次看到“度尽劫波兄弟在”，也再次看到了关于“劫波”的注释：

劫波：梵语，印度神话中创造之神大梵天称一个昼夜为一个劫波，相当于人间的四十三亿三千二百万年。

直到此刻，我才知道“劫波”是佛教世界关于时间的词语，但我并不知道在佛教世界里竟还有“劫波树”。

2006年夏，时任海南航空拉萨营业部总经理的周迎利先生引我前往拉萨贡嘎国际机场不远处的贡嘎曲德寺，年轻的住持格桑曲培带我们参观这座历史上从未遭受任何破坏的萨迦寺院，这是我第一次到访萨迦派寺院。在经堂之上的行走，他说出了“劫波树”这个词，这是藏传佛教密教金刚界法在供养会中，须结宝树之印契，并诵其真言，以示供养劫树之意。

回到市区的住处，翻开《金刚顶经》：“以种种华香、璎珞装挂树上，布施一切，此名劫树。”劫树就是劫波树、劫婆罗树的简称，意译如意树。

可是，我还是没有真正听懂格桑曲培对劫波与时间关系的开示。

多年之后，翻开1922年版《佛学大辞典》，著者丁福保在第1223页对“劫波树”作出解释：

> （植物）树名。劫波为时之义。应时而出一切所须之物。六波罗蜜经三曰：“喜林园苑游止无期，波利质多及劫波树，白玉软石更无坐时。”

这座佛陀喜林园里的树名，就此经常浮现在我的脑际之间，这株神奇的“劫波树”怎样才能应时产生一切所需之物？我如果拥有这样一株能变出衣服、日常用具的宝树该多好，此刻仿佛理解了它缘何要被赋予“如意树”的名称。

再次翻检《佛光大辞典》，在第2815页上写道，由此树之花开花谢而可测知昼夜时间，故称为“劫波树”。此外，在印度常有长者将香花、璎珞等宝物挂于树上，普施大众之风习；所用以悬挂宝物之树即称为劫树或宝树，此一风习或系模仿喜林园劫波树能产生种种宝物之说而形成……

在《六波罗蜜经》卷三中，我不止一次遇到了上述相似的文字。

我似乎恍然，精通汉语的格桑曲培十几年前对我所说的话语实乃一语双关：一方面祈望精神世界中的佛陀正法如意永驻，一方面期望凡间世界中用时间来见证我们就此开始的友谊之路。

时间没有错过任何人，友谊同样没有错过。

榕树

缘谢缘生，又到『鹧鸪声里端阳近』

池塘边的榕树上
知了在声声叫着夏天
操场边的秋千上
只有蝴蝶停在上面
黑板上老师的粉笔
还在拼命叽叽喳喳写个不停
等待着下课，等待着放学
等待游戏的童年

这首罗大佑演唱的《童年》，是我对榕树最早的印象。可是年少时生活在北方

《现代汉语词典》第7版1107页，榕树的解释是：树干分枝多，有气根，树冠大，叶子椭圆形或卵形，花黄色或淡红色，果实倒卵形，黄色或赤褐色。生长在热带地区。木材可制器具，叶、气根、树皮可入药。

的我并没有见过真正的榕树。从家乡安徽考入北京特警的徐羽杰小兄告诉我，他对榕树的记忆相伴了整个童年：村头的大榕树，异常的茂盛，充满着沧桑与神秘，连最老的老人都说不清楚它的年龄。几个小伙伴经常在放学回家前蹿上爬下一阵子，有时不小心折枝损叶，它却一直包容着淘气的我们，提供了童年最肆意的欢乐。

当我到了广州后，第一次知道了广州市中心还有一座以榕树为中心的千年寺院六榕寺。2018 年的炎炎夏日，日光灼灼，暑意薰腾，趁到六榕寺档案室查找云峰（1921—2003 年）长老相关史料的闲暇，方丈上法下量大和尚引我参观寺院，在一株大榕树下，他讲起六榕寺的来由："言及六榕寺，一定要提榕荫园中的三株古榕树。"

建于南朝的广州六榕寺，最早叫宝庄严寺，宋初重建后更名为净慧寺，此时寺内已有古榕六株。再往后，谪迁岭南的苏东坡（1037—1101 年）得赦北归，途经此地，应寺僧之请题字。但见寺内古榕六株，浓荫蔽日、枝叶相连，无需围栏，即成庭院，于是欣然书下"六榕"两字。自此，"六榕寺"之称开始在坊间不胫而走。1986 年，中国佛教协会会长赵朴初（1907—2000 年）居士莅临六榕寺，留题《调寄临江仙》："缘谢缘生观万法，休嗟剩水残山，参天榕树尚存三……"

榕树是佛教经典中最美丽和最高大的树之一，印度人经常以榕树为每日早上仪式之一来崇拜。方丈上法下量大和尚为我将踏萨译的《薄伽梵歌》找出，说这段话的出处就在第十卷。

两相对照，只字不差。

翻开悟醒译的二十六卷本《本生经》第一卷，关于“榕树”就有两处记载：

> 一、智慧成熟，为大出家，行大精进，于榕树下受乳糜供养……
>
> 二、赴牧羊榕树之所，坐于榕树之下。佛坐其处，思惟自证法之甚深微妙……

榕树就是佛经中的“尼拘陀”，我们汉译后又作尼瞿陀、尼具陀、尼拘律、尼拘尼陀、尼拘卢陀、尼具类、尼拘类陀、尼拘娄陀、尼拘屡陀、诺瞿陀等十余种。

翻开案头上国网技术学院王凯兄送我的1922年版《佛学大辞典》，著者丁福保在第864页摘录了关于“榕树”的经典语录，此树端直无节，圆满可爱，去地三丈余，方有枝叶。其子微细如柳花子，唐国无此树，言是柳树者讹也。

再翻开夏丏尊（1886—1946年）译的《南传小部经典》第一卷，佛教世界中的榕树故事再现眼前：

> 从前，喜马拉雅山中腰地方有一株大榕树，树的附近住着鹧鸪、猿与象三个朋友。他们彼此不互相尊敬、从顺，至于违背普通的生活法则了。于是他们想道，“这样地生活，于我们殊不适当。我们颇想把年长者加以尊敬，对他行敬礼而度日。”

但三者谁是最年长者，却不知道。一日，他们想得了一个方法，三位朋友同去坐在榕树的根上，鹧鸪与猿对象问道：“象君啊，你知道这株榕树已有多久了。”象道：“朋友们啊，在我还是小孩的时候，这榕树犹是一株灌木，我常常跨过了行走。有时也在灌木丛中通过。最高的灌木，顶梢也只碰到我的肚脐。所以，这株榕树，我在他灌木时代已知道了的。”鹧鸪与象又以同样的话去问猿。猿道：“朋友们啊，当我为小猿时曾坐在这里昂首去咬食这榕树梢头的新芽，所以我在很小的时候，已知道这株榕树了。”于是便轮到鹧鸪讲话了。鹧鸪道：“朋友们啊，从前某处有一株大榕树。我吃了那树的果实，把粪撒在这里，于是这里便生出榕树来了。我知道这株榕树尚在他未萌芽以前。所以我比你们都年长。”象与猿便对聪明的鹧鸪道：“朋友啊，你比我们年长。以后我们就对你恭敬、尊崇、承侍、敬礼、合掌、供养、敬白、奉请、礼拜、和南吧。我们将遵奉你的训诫，请你以后施训诫给我们啊。”从此以后，鹧鸪就施训诫给他们，教他们保持戒律，自己也保持戒律。三动物坚守五戒，尊敬随顺，对普通的生活法则不复违犯，命尽时往生于天国之安住所……

守住底线，方有随顺智变。

寺门于17时关闭后，一个人端坐于榕树之下，听微风鸟鸣，思考着方丈上法下量大和尚的一句话：

“六榕寺历史上的古榕虽枝繁叶茂，苍翠挺拔，榕荫蔽日，清凉一方，但终是因缘生法最终在岁月的长河中脱离不了成住坏空的变迁……”

如今，六榕寺中的三株古榕，枝干雄伟，生机葳蕤；仰头望去，枝叶相通缠绕，给榕荫园洒下无限清凉。伴着弘法堂的阵阵经诵，凝目六祖堂“六祖紫铜像”的法相庄严，那流水的岁月，只因慧灯不灭，方有文法相传。

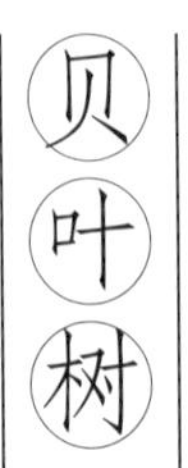

经百年方有花果，历千年智慧长流

2500 多年前，纸张未发明前的古印度佛教僧侣为了弘扬佛法，将佛教经典书写在树干截断后就无法再发芽生长的棕榈科乔木扇椰子——后称为“贝多罗树”的叶子上，此叶经冬不凋，在上面写上经文，则被称为贝叶经或贝文。佛教典籍浩如烟海，而梵文贝叶经被认为是最接近释迦牟尼原始教义的“佛教元典”，文献价值不言而喻。

《现代汉语词典》第 7 版 56 页，“贝叶棕”的解释是：常绿乔木，高可达 20 多米，茎上有环状叶痕，叶子大，掌状羽形分裂，花乳白色，有臭味。只开一次花，结果后即死亡。叶子叫贝叶，可做扇子，也可代纸做书写材料，用贝叶写的佛经叫贝叶经。也叫贝多。

扇椰子的树叶顾名思义即呈扇状，叶面平滑坚实，它还被汉译为树头、岸树、高竦树，广泛种植在印度、缅甸、斯里兰卡、马来群岛及热带非洲。《大唐西域记》卷十一《恭建那补罗国》记载：“城北不远有多罗树林，周三十余里，其叶长广，其色光润，诸国书写莫不采用。”去过尼泊尔蓝毗尼的朋友告诉我，贝叶树的花很大很白，但味道不好闻，果实成熟后是鲜红色，状若石榴。我在《玄应音义》卷二看到：“其树……极高者七八十尺，果熟则赤如大石榴，人多食之，东印度界其树最多。”

于我而言，最早知道贝叶经是在《红楼梦》第17、第18回里：“因听见长安都中有观音遗迹并贝叶遗文，去岁随了师父上来，现在西门外牟尼庵住着……”

贝叶遗文实际上就是我们今天常说的贝叶经。2006年，有幸到西藏自治区博物馆的贝叶经专库里参观，工作人员捧出一个桦木囊匣，小心揭开一层又一层用藏药浸泡过、有防虫效果的包经布后，翻开桦木护经板，纹路清晰的浅褐色贝叶一下子走进了我的眼睛。它实际上是经过一套特殊工艺制作而成的书，所刻写的经文用绳子穿成册，具有防潮、防蛀、防腐等特点，可保存千年之久。随着佛教传入中国，在西藏众多寺院中均保存了大量贝叶经文。

值得一提的是，佛教传入云南西双版纳后，佛教徒先采取鲜花叶，按一定的规格裁条，压平打捆，加酸角、柠檬入锅共煮，然后洗净、晒干压平，用墨线弹成行，再用铁笔按行刻写。

1922年版《佛学大辞典》，著者丁福保在第1127页写下了对“贝叶”的解释：

> （物名）贝多罗叶也。印度之人以写经文。慈恩寺传三曰：“经三月安居中集三藏讫，书之贝叶，方遍流通。”唯识枢要上本曰：“虽文具传于贝叶，而义不备于一本。”见贝多罗条。

贝叶经作为一种跨越千年时空的文物，在研究佛学、藏学、佛教历史、佛教绘画、古印度文化、中印文化交流等方面均有巨大的价值，尤其是研究早期佛教文化难得的第一手资料。有鉴于此，2013年，西藏自治区社会科学院专门成立贝叶经研究所，全方位开展贝叶经写本研究工作，由于自然条件的限制和历史的变化，在贝叶经诞生地印度和尼泊尔已很难找到这种珍贵的经书，但在我国西藏自治区仍有近 6万数量的贝叶经存世。珍藏于西藏的梵文贝叶经，是公元7世纪至17世纪从印度和尼泊尔等地引进来的，其中以8世纪到14世纪间的居多。近千种手抄写本都是当年翻译佛经时的不同蓝本。拉萨布达拉宫藏有大量梵文贝叶经写本。

值得一提的是，印度人罗喉罗是第一位赴西藏考察和收集梵文贝叶经并编写目录的外国人，罗喉罗在西藏萨迦寺等地考察时的惊人发现，就是梵文贝叶经写本。

贝叶经是“贝叶文化”中最古老、最核心的部分，是“贝叶文化”的主要载体，同时也是傣族文化的肇源。1000 多年来，傣族先贤淡泊名利，用铁笔将文字刻写在贝叶上，一代一代奉献智慧与才华。在他们当中，没有一人在自己刻写的经本里留下名字，却给后代留下了无穷的智慧和精神财富，汇集成浩瀚的贝叶典籍，创造了博大精深的“贝叶文化”，成为我国国宝级文物。

当贝叶散香千年，吉光片羽虽远，可月光如是我闻。

天光云影下，流水无声昼夜地磨

曾工作于北京东长安街上，经常午饭后，我都会和同事崔庆到不远处的天安门东侧菖蒲河公园散步。记得第一次来此，心里就想，为什么会叫这样一个有些生僻的名字？当走到公园东入口处的“菖蒲逢春”石屏风面前，迎面而来的是由6块高3.5米、宽1.5米的花岗岩组成，看上去是用中国花鸟画的构图和传统的透雕手法，展现出一年四季各种花木禽鸟的画景。再看屏风前面，是用不锈钢精心打造的“菖蒲球”造型，菖蒲的模样就这样印刻进我的心底。

《现代汉语词典》第7版144页，“菖蒲”的解释是：多年生草本植物，生长在水边，叶子形状像剑，肉穗花序，花黄绿色，地下根状茎淡红色。根状茎可做香料，也可入药。

以菖蒲命名的菖蒲河其实就是外金水河，因河中生长有菖蒲而得名。菖蒲河是明清皇城中外金水河的东段（清代称长安左门以东的一段外金水河为菖蒲河），是皇城水系重要的组成。菖蒲河由西苑中海太液池南端流出，折向东南，经过天安门前，再沿皇城南墙北侧向东汇入御河，全长只有510米。菖蒲河既是西苑三海的出水道，又是紫禁城筒子河向南穿过太庙的出水道。

于我而言，南宋陆游（1125—1210年）曾写“雁山菖蒲昆山石”，把它供在自己的书案上，成为历代文人最喜爱的植物之一。更让我惊奇的是，古代文人每年要为菖蒲过生日，在农历四月十四日，估计全世界没有第二个国家会为一棵小草过生日了。

散步无数次，渐渐了解了眼前栽种的菖蒲也叫白菖，它是多年生草本，生于沼泽地、溪流或水田边，夏日抽茎开花，色粉红，但却始终不知道菖蒲还是佛教经典中的重要植物。

翻开《续一切经音义》和《新集藏经音义随函录》，里面都有关于菖蒲的记录：

> 菖蒲，草名，似兰，可以为席也。本草云：菖蒲，药名，八月采根百节者，为良也。

江苏无锡的朋友告诉我，他们当地一位退休教授王大濛专门种植菖蒲，打造出家庭“蒲园”。他在接受采访时说：“菖蒲有香气，它的香有一点独特，特别提神。有趣的是，中国的香气是线性的，徐徐而来，带有一种精神的欲望，能把你带到一种很遥远的，虚虚的，没有物质追求的那么一个地方。西方人的香就是有体积的，甚至于它是扑过来的……”

这让我想起一首很有韵味的唐诗，是张籍（约767—830年）的《寄菖蒲》：

石上生菖蒲，一寸十二节。
仙人劝我食，令我头青面如雪。
逢人寄君一绛囊，书中不得传此方。
……

野生菖蒲是有灵性的，其风骨亦有莲花的“出淤泥而不染”之志，更有兰之清幽，文人墨客为之倾心相传至今。

好一个安隐菖蒲，多所饶益。

纵然遮风挡雨，却只愿生生世世为佛陀

最早见到“祇”字，很惭愧都不会读，查字典后才知道读音同“奇”，为“地神”之意。阅读佛教故事，经常会看到“祇树”二字，“祇树”实际上是祇陀太子的树林，并不是一个树种的名称。

翻开1922年出版的《佛学大辞典》第1690页，作者丁福保对“祇树”作了如下解释：

1922年丁福保著《佛学大辞典》第1365页，这是一条关于“俱利窟”的解释，但我关注的是长阿含经十八曰：“佛在舍卫国祇树给孤独园俱利窟中。”祇树给孤独园就是在佛教经典文字中简称的“祇园”。

（地名）祇陀太子之树林，略名祇树。是太子供养佛者。慧琳音义十曰：“祇树，梵语也，或云祇陀，或云祇洹，或云祇园，皆一名也。太子……买园地，为佛建立精舍。太子自留其树，供养佛僧，故略云祇树也。”

慧琳音义也被称为一切经音义。为刨根究底“祇树”之义，我又查阅了《佛光阿含藏》，它解释道：“祇树又作逝多林，为祇陀太子供养佛陀之树林。”

自此，我完全明了“祇树”的含义了。

香料篇

草木有本心

香料篇引言

手中曾无数次阅读杨绛先生的《我们仨》，想起这位百岁先生的人生哲学：如要锻炼一个能做大事的人，必定要叫他吃苦受累，百不称心，才能养成坚忍的性格……好比香料，捣得愈碎，磨得愈细，香得愈浓烈。

反观自己，实在不器。在这种参照下，我走近了安息香，悟到什么叫自然而然；我走近了白檀，骤想到北京雍和宫的弥勒大像，汉译为“慈氏”，藏译为“强巴”，作为密宗修法的重要材料，其香灭障也就顺其自然；我走近了栀子花，虽懂得人心的上下翻飞，但宽恕是善念的喜悦自然。

心有同感，物以类聚。

皮色黄黑、叶有四角的辟邪树

看到这个名字，脑海中就定位在中亚地区，也不知道为什么。查阅典籍，果然猜中。“安息香”就是波斯语和阿拉伯语的汉译，原产于中亚古安息国、龟兹国。

安息香树在汉译典籍中有的写成“求求罗”，有的写成“掘具罗”，还有的写成“局崛罗”……为落叶乔木，多产于印度、苏门答腊、波斯湾等地，树高丈余，叶呈卵形，有光泽，花色外部为白色，内部为红褐色，树皮褐灰色，树之脂汁可供药用及制焚香

2003年上海辞书出版社出版的《辞海》彩图音序珍藏本第36页对“安息香”的解释是：安息香料。落叶乔木。叶互生，卵形至椭圆形，上面稍有光泽，下面有白色星状毛，叶脉铁锈色。夏季开花，花带赤色，有香气，聚伞花序。产于印度尼西亚、越南等地。此植物伤其干部，泌出树脂，干燥后呈红棕色半透明状，称为“安息香”，中医学上用以开窍行血，主治中风昏厥、产后血晕等；并为调合香精的定香剂。

料，结有小型球状的果实，并覆有密毛。

《酉阳杂俎》载：安息香出波斯国，作药材用。

《新修本草》曰：“安息香，味辛，香、平、无毒。主心腹恶气鬼。西戎似松脂，黄黑各为块，新者亦柔韧。”

安息香有泰国安息香与苏门答腊安息香两种。中国进口的安息香主要是泰国安息香，分旱安息、白胶香等品类。那么，“安息香”在佛教世界中是作什么用的呢？

1922年版《佛学大辞典》，著者丁福保在第978页写下了“安息香”的解释：

> （物名）香料之一种。安息香树所生之脂汁块也。安息香树产于暹罗波斯等，高丈余，落叶树也。叶为卵形，有光泽，花外部为白色，内部为带红褐色，排列为总状花序，树皮为褐灰色，带软毛。由其树皮采收之脂汁称为安息香，为药用及香料。但普通之安息香，多为其树之木粉，更以臼碎之，混胶等使之凝固者。

《佛光大辞典》第2403页，从另一个角度写下“安息香”的解释：

> 此香料最初系由安息国商人传入我国，故称为安息香。此外，酉阳杂俎广动植木篇：“安息香树，出波斯国，波斯呼为辟邪树，长三丈，皮色黄黑，叶有四角，经冬不凋，二月开花，黄色黄心微碧，

不结实。刻其树皮，其胶如饴，名安息香。六七月坚凝，乃取之烧之，通神明，辟众恶。”

细心的研读者一定会在佛教典籍《瑜伽师地论》卷四十四、《瑜伽略纂》卷十一、《玄应音义》卷四、《翻译名义集》卷三里找出对安息香的记载，但意义很可能完全相反。如在《瑜伽略纂》卷十一，将“求求罗”译为恶臭气香；在《金光明最胜王经疏》卷七，则被放入佛教经典三十二香味之一。

香也好，臭也罢，在我记忆深处，是《大方广菩萨藏文殊师利根本仪轨经》第十五卷中，安息香丸如莲子大。

沉浸在安息香的世界中，当我看到“常烧安息香，五音之乐声不绝”这句经文时，眼前似浮现出它特有的味道缭绕室内，当美声与烟雾同行，我却不舍得挥一挥手，那是一种本能的害怕，害怕破坏了自然而然。

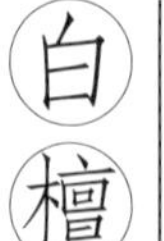

来自印度的香树，成雕造佛像的至宝

雍和宫是北京最大的藏传佛教格鲁派寺院，这里不仅是清代乾隆皇帝降生之地，更是清中央政府治理藏传佛教事务的中心舞台之一。

雍和宫于我而言，前后至少参访一二十次，要说这里最吸引我的地方，那就是百看不厌的万福阁。在巨大的汉白玉须弥座上，供奉着一尊26米高的弥勒大佛像。这是七世达赖喇嘛格桑嘉措（1708—

2003年上海辞书出版社出版的《辞海》彩图音序珍藏本第76页，“白檀”的解释是：植物名。落叶灌木或乔木。枝条细长，向上开展。叶互生，椭圆形，有细尖锯齿。春季开花，花白色，有香气，形成圆锥状花序，生于新枝顶端。核果椭圆形，鲜蓝色。中国各地都有分布；朝鲜半岛、日本也有分布。木材细密，可作细木工及建筑用材；种子可榨油，供制油漆、肥皂等；根皮与叶可作农药。

1757 年）当年用大量金银财宝购得的白檀木，随后敬献给乾隆皇帝，最终由紫禁城养心殿造办处召集汉、蒙古、藏族能工巧匠将其精心雕成。

每次站立在雍和宫最雄伟的建筑万福阁前，面对这座高达 25 米，飞檐三重、造型奇特的佛像殿堂，脑海中总是去想象这样一根巨大的白檀香木究竟经历怎样的艰难旅途才从 1748 年的尼泊尔翻越喜马拉雅山到达西藏，又经历怎样的四川横断天堑方转运到 1750 年的北京城?

历史，没有记载这个过程。

2019 年的一个冬日，雍和宫管理处于超博士给我作了详细的讲解:蒙古地区一般把弥勒菩萨习惯称“迈达拉布尔汗”，即“弥勒佛”之意，弥勒菩萨是梵译，即迈都丽雅的，汉译为“慈氏”，藏译为“强巴”。这座弥勒大佛是由一棵完整的白檀香木所雕刻，手臂及垂下的衣纹飘带则由其他木料辅助，地面垂直高度 18 米，地下部分埋入 8 米。这根白檀香木原产地为古印度，1990 年代被列入《世界吉尼斯纪录大全》。它由蒙古高僧察汉达尔罕喇嘛设计，明显体现了蒙古地区造像的艺术风格。佛像雕成后，用苇毡将佛像保护起来，然后盖起了现在这座万福阁。认真观察雍和宫的弥勒大佛像，其表现形式与汉传佛教的弥勒造像截然不同……

在这座汉、满、蒙古、藏等民族共同祈祷平安的偶像——弥勒大佛前，我这次的主题是白檀这种树木的前世今生。

阅读植物学词典，方知白檀为旃檀的一种，又称白旃檀、白檀香，其材身带白色，可以制香，称为白檀香或白旃檀香。

白檀的叶有短柄，呈椭圆形或倒卵形，白檀花为白色，有香味。果实椭圆形，内含种子，有核。翻开1922年出版的《佛学大辞典》，著者丁福保在第911页上写下对“白檀”的解释：

> （植物）香木名。白色之旃檀也。旃檀有赤白黑紫等之别，大日经疏七曰：“白檀香西方名为摩罗度，是山名，即智论所云除摩梨山更无出旃檀处是也。”见旃檀条。

翻开《佛光大辞典》，我在第2105页上看到这样的解释：

> 此种树多供药用，赤檀去风肿，白檀治热病。此外尚可制香，以白檀制作为最上乘，称为白檀香、白旃檀香。然慧琳音义卷八记载，以赤檀香为最优。密教认为焚烧白檀香，闻其香气可灭除罪障；并以之为五香之一，修法时用之。又印度风行以其木材雕造佛像等。

原来，在藏传佛教中，白檀为五香之一，为密宗修法时所用材料。我刹那恍然大悟，白檀为什么会在这里，因为雍和宫是藏传佛教寺院。

栀子花开呀开，栀子花开呀开
像晶莹的浪花，盛开在我的心海
栀子花开呀开，栀子花开呀开
……

听这首《栀子花开》时，我还是一位20多岁的年轻人，那时特别喜欢何炅的歌曲，可能是因为青葱时代吧，甚至专门跑去华南植物园，认认真真地欣赏了真正的栀子花开——枝叶繁茂，四季常绿。栀子花的颜色是奶黄和奶白的，摸上去软软的、厚厚的，那个香是真正沁人心脾的奇香。

面前的这株栀子树高高大大，呈灰白色，梢枝间有软毛，叶面滑泽，大约有成

《现代汉语词典》第7版1679页，“栀子”的解释是：常绿灌木，叶子长椭圆形，有光泽，花大，白色，有强烈的香气，果实倒卵形。

年男性的手掌大小。从华南植物园回来后，家中的花盆也毫不犹豫地种植了一株，每到6月，满屋栀子花香，花瓣起初雪白雪白的，有的花瓣全开了，有的花瓣只开了一半，有的还只是个花骨朵……

很多人如最初的我一样，并不知道玉质般的栀子花亦是佛教世界中的花，当然也不知道栀子花原产于印度热带森林、喜马拉雅山地，原为野生植物。

1922年出版的《佛学大辞典》，著者丁福保在第2815页上对“瞻匐”言简意赅地写道：

> （植物）香树名。

赶紧再翻查《佛光大辞典》，在第6576页上找到了详细的介绍：

> 瞻匐，梵语campaka，巴利语同。又作瞻波树、瞻博迦树、占婆树、瞻婆树、占博迦树。意译为金色花树、黄花树。产于印度热带森林及山地，树身高大，叶面光滑，长六、七寸，叶里粉白，并有软毛；所生黄色香花，灿然若金，香闻数里，称为瞻匐花，又作金色花、黄色花。其树皮可分泌芳香之汁液，与叶、花等皆可制成药材或香料。以此花所制之香，即称为瞻匐花香。

唐代杜甫（712—770年）非常钟爱栀子花，他写下《江头四咏 · 栀子》，此处用四句：

红取风霜实，青看雨露柯。

无情移得汝，贵在映江波。

杜甫笔下的栀子果实经霜变红，枝叶遇雨而显青翠，藏而不露，别无他物可移情。

有人说，喜欢栀子花的人都有一颗感恩图报之心，他们真诚如赤子，虽懂人心的上下翻飞，但看破从不说破。因为他们的人间信条是时刻真诚并让自己内心愉快，宽恕他人会让自己心怀喜悦。

对了，即使凋零，灵魂都充满芳香。

当我2020年5月18日写下上述这段感悟后，广州大学徐德莉教授在当日中午12时的朋友圈写下她的即时感悟：

又是栀子花儿开时，25年的中学同学、15年的学生都在栀子花开时来相聚、来看小越儿，一份有历史记忆又有精神共成长的情谊才能经得起时间的检验，看来时间也是检验真理的标准！不管友情还是爱情，最后都会转化为亲情。

心有同感，方会物以类聚。

药用篇

药院滋苔纹

药用篇引言

“药”字最初在文字中出现，是在战国时期，其本义为治疗疾病的植物。佛教中药师佛让我景仰并敬重，景仰其愿为众生解苦，敬重其发十二大愿。

黄姜是现代激素之药，我写下“道道琼浆，止观心闻”；毗醯勤是治癫特效之药，我写下“劲敌紧逼，唯有强大”；“合欢树”又被称为“合昏树”，是三十二味香药之一，我写下“为欢而昏，世间常态”。

时间面前，新乃旧缘。

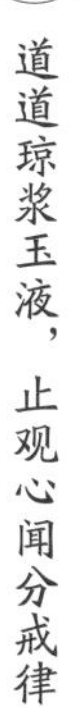

原谅我的孤陋寡闻，对呵梨陀这个佛教植物真是毫无印象。借助资料的翻检，才豁然开朗它的汉译就是“黄姜”或“阿利陀姜”，属姜荷科的郁金类，叶似生姜。它会绽放出白色的花，根茎为橙黄色，掰开后亦为橙黄色，有少许生姜的香气。

值得一提的是，呵梨陀姜的叶子和根部干燥后均可食用及入药，甚至是天然的染料。在现代医学中，黄姜作为激素类药物的原料被广泛使用。

1922 年出版的《佛学大辞典》，著者丁福保在第 1543 页写下对“呵梨陀姜”

作为俗名“火头根”的黄姜，原产地是中国。该物种为中国植物图谱数据库收录的有毒植物，民间认为其根茎有滋补作用，但科学研究表明，食用黄姜过量可引致头昏、眼花等中毒症状。

的解释：

> （植物）智首之四分律疏九曰："呵梨陀者，翻云黄姜。"

关于"呵梨陀姜"，在《行事钞·四药受净》篇中，将其列为夜晚可以饮用的十四种浆药之一，这十四种浆药主要有安石榴、蒲桃、芭蕉、甘蔗等。

一次，佛陀到访前，接待之人张罗了种种浆果以做好接待工作。佛陀到后，接待之人立即献上准备好的浆果予以招待。在场的比丘们都有些迟疑，因为佛陀曾制定戒律，不可以饮用不好的浆果。

那么，如何分辨哪些浆果能饮，哪些浆果不能饮呢？佛陀于是亲自解答比丘们的疑惑，那就是看浆果的颜色：如果这些浆果变成酒的颜色，或者有酒的味道或酒的香气，那就绝对不能饮用。

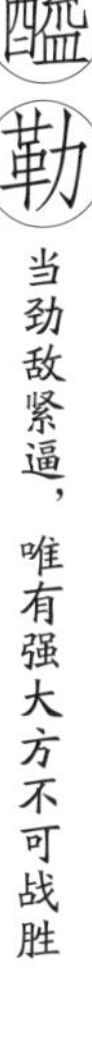

最早知道毗醯勒，是因为它是治疗皮肤病的特效药。直到很久之后，我才知道毗醯勒在佛教世界中的位置。

翻开《佛光阿含藏》，清楚地写道：毗醯勒又作“毗勒得迦”，印度之果子名，形如桃子，其味甜，服能治癞。

这种名叫“毗醯勒”的植物属落叶乔木，在印度是最普通的植物，在斯里兰卡和马来西亚也多有种植。在东南亚和南亚一些都市路边也有种植，有的地方甚至高达 30 米以上。因其质地坚硬，常用来制作藏传

毗醯勒的果实有核，敲碎后里面为杏仁状，可以食用，但吃多会引起轻微中毒。印度尼赫鲁大学的高适博士告诉我，民间认为毗醯勒树上藏有魔鬼，因此它的木材绝不可用作建筑材料，但是从科学的分析上看，这种树木是因为易受虫害而遭弃用。

佛教的金刚杵。

在藏传佛教密宗，金刚杵象征着所向无敌、无坚不摧的智慧和真如佛性，可以断除各种烦恼、摧毁形形色色障碍修道的恶魔，为密教诸尊之持物或瑜伽士修道之法器。

毗醯勒的叶呈 8 至 15 厘米的卵形，在 4 至 6 月从叶脉长出黄白色的小穗状花序，有香味。果实在冬天成熟，形状像枇杷，有五个棱角，呈灰褐色。

《有部毗奈耶杂事》中，将毗醯勒与余甘子、阿梨勒、毕钵梨、胡椒共五种植物列为“五药”。

在佛教世界中，经常可看到毗醯勒的身影，如《苏婆呼童子请问经》卷一《分别金刚杵及药证验分品》中，如果要行斗诤法，应用毗醯勒木作金刚杵。

《圣迦柅忿怒金刚童子菩萨成就仪轨经》中说：“用金刚杵形，以为璎珞庄严，以毗醯勒木作合盛之。烧苏合白檀香供养。”

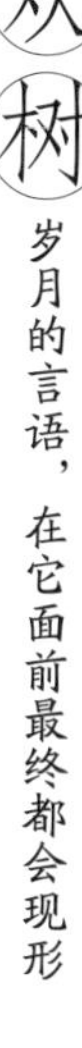

果亲王：额娘喜欢合欢花，皇阿玛在建这桐花台时嘱咐，窗扇皆镂此花。合欢是温柔长久的意思。

甄　嬛：你从前的凝晖堂，不也是遍种合欢吗？

果亲王：合心即欢。只可惜，皇阿玛再钟情于额娘，也不能为她一人相守。我也做不到。

这是近十几年来热播的电视剧《甄嬛传》的一段对白，之所以写上这段话，是

《现代汉语词典》第7版524页，“合欢”的解释是：落叶乔木，树皮灰色，羽状复叶，小叶白天张开，夜间合拢。花萼和花瓣黄绿色，花丝粉红色，荚果扁平。木材可用来做家具等。也叫马缨花。

因为他们说到了合欢花。家中的互联网电视有一个频道是“甄嬛传频道”，24 小时循环播放，延续至今，关于合欢花的这集我至少在荧屏前偶遇过两三次。

合欢花的样子在《甄嬛传》中非常奇特，是一丝一丝的粉红色，这种红非常雅致但不绚烂，似乎它不需要外在的光影呈现，哪怕它身处红墙的阴影之下，都能自带淡淡的红光，看上去很中国。于是我从心底就认为这是中国花，应该特别适合亭榭楼台旁，深宅大院间。一位已定居澳大利亚西海岸的朋友在朋友圈晒出了一组合欢花的图片，却是满目金黄，文字标示说，这是澳大利亚的国花。

这让我倍感意外，促使我对合欢树来一场彻底的追根溯源。这种产自印度的香木，又名尸利洒、尸利驶、师利沙、舍离沙，为吉祥意，意译为“合欢树”“合昏树”。它是荚白褐色的乔木，树胶可制作成香药。展卷《玄应音义》，关于合欢树有两种细致的描述：“一种叶、果皆大，名尸利沙；一种叶、果皆小，名尸利驶。”这种区别，对我来说，不是最重要的。

1922 年版《佛学大辞典》，著者丁福保在第 444 页对“合欢树”也就是“尸利沙”作出了解释：

> （植物）树名。尸利沙者，吉祥之义。此方之合昏树也。又曰尸利沙者，头之义。其果曰似头果。又云舍利沙。此译合欢树。南本涅槃经三十二曰：“如尸利沙果，光无形质，见昴星时，果则出生身长五寸。”

在《金光明最胜王经》卷七中，它被列为三十二味香药中之第六位。如果对合欢树也就是尸利沙树还有探索的愿望，我们可以随愿走进佛教经卷的舞台，在《大般涅槃经》卷三十五、《慧琳音义》卷八、《陀罗尼集经》卷十、《心地观经》卷六中都有它的身影和它的故事。

记得在缅甸，从曼德勒国际机场向市区行驶的过程中，一棵又一棵高大的合欢树绵延数十千米，记忆深刻，可以说是饱览了一次合欢树之旅。

书写至此，想起了史铁生（1951—2010年），想起了他笔下的《合欢树》，文章的语调却是刻意的平淡:

那年，母亲到劳动局去给我找工作，回来时在路边挖了一棵刚出土的“含羞草”，以为是含羞草，种在花盆里长，竟是一棵合欢树。母亲从来喜欢那些东西，但当时心思全在别处。第二年合欢树没有发芽，母亲叹息了一回，还不舍得扔掉，依然让它长在瓦盆里。第三年，合欢树却又长出叶子，而且茂盛了。母亲高兴了很多天，以为那是个好兆头，常去侍弄它，不敢再大意。又过一年，她把合欢树移出盆，栽在窗前的地上，有时念叨，不知道这种树几年才开花。

再过一年，我们搬了家。

成年之后的我，不仅曾经在地坛公园里捧读《我与地坛》，更在无人的街角社会捧起一读《合欢树》。

随着阅历的年轮增加，喜出不再望外，哀苦不现面庞，曾经的“以为是”，最终一定会被“竟是”算总账。史铁生这篇正面为欢、背面为昏的文字，才是“合欢花”的真义与真意。

为欢而昏，是世间无始无终的常态。

刹那，我知道，史铁生是懂佛教的，他的文字就是证据。

当世间的『五月花神』飘落，始知生命如幻

每年1月初举行的“北京图书订货会”，已发展成为全球最大、最专业的华文图书盛会，是它催促着我必来一次中国国际展览中心（老馆）一看究竟。

坐北京地铁到这里，就要在芍药居下车。缘何称为“芍药居”，我还认真查了一下：清乾隆年间，一次皇帝路过一家店铺，店里摆满鲜花，以芍药居多，于是走进去闲逛。只见店铺院内种植的芍药开得是满

芍药的品种约30种，主要分布于欧亚大陆温带地区，少数产自北美洲，产自中国的有15种。芍药为单生枝顶，叶互生，椭圆形或卵形，它开花较迟，故又称为“殿春”。当牡丹和芍药比肩吐艳时，最直观的区分方法是看叶片：牡丹叶片有三道“裂口”，而芍药的叶片是单叶。

院芬芳，皇帝大悦，乘兴赐名“芍药居”，以后此处的许多人便开始种植芍药，“芍药居”的叫法沿用至今。遗憾的是，这只是一个传说，当地并没有种植芍药的记载。

中国邮政在 2019 年 5 月 11 日发行《芍药》特种邮票 1 套 4 枚，每当夜阑人静之时，欣赏邮票便成为我缓解疲惫和增长知识的最有效方法，只见邮票图案分别为芍药、川赤芍、草芍药、美丽芍药，它们都是芍药科芍药属，多年生草本，花大美，是重要的观赏植物与药用植物。

以花木为药名的中药材虽不少见，但“花与药”结合在一起，芍药是不是独一份？答案竟然是。翻开年少时省吃俭用攒下来的钱购买的集邮册，欣赏我收藏的 1982 年发行的《药用植物（第二组）》中，最高面值邮票的图案就是芍药。

许多人并不知道牡丹与芍药的关系，其实它们是同胞姊妹，只是牡丹花期不长，河南洛阳王城公园的牡丹从 4 月中开花到 5 月中即凋谢，而芍药花艳丽如旧，花期一直延续至 6 月，普通人甚至难以分清两者的区别。

初夏之间开花的芍药，有红、白、紫等色。古人离别时，常以芍药赠予远行者，故也称为“可离”“将离”。因其地位仅次于号称“花王”的牡丹，故也称为“花相”“花仙”。

被誉为“花仙”的芍药，就这样绘就了一幅幅生机盎然的盛开美景。

但许多人并不知道，芍药在佛教世界里也有它特殊的位置。

1922年版《佛学大辞典》，著者丁福保在第717页写下了“火药栏”的解释：

> （公案）牡丹芍药等百花烂熳之花坛。以喻清净法身者。

“火药栏”其实是一个术语，檀芍药、牡丹等花卉，以竹木围其四周者。在碧岩三十九则曰：“僧问云门，如何是清净法身？门云：花药栏。”再翻开《佛光大辞典》第4515页，我看到了关于北京崇效寺芍药的故事：唐代幽州节度使刘济舍其住宅建为寺。历代屡建屡毁，仅存殿宇数处。清初诗人王士禛称之为枣花寺，因其寺曾植枣树千株，但已无存。寺内牡丹、芍药极为著名，有姚黄、魏紫、黑色诸异种……春夏之际，游人如织。

在西藏，诸多寺院都种植了芍药，2006年，我的好友苌志景先生到拉萨旅行，我陪他参观贡嘎曲德寺，他感慨这里的紫红色单瓣川赤芍在雪域高原是“怒放”，他特意强调用“绽放”一词不足以形容，因为它的植株比较低矮，但花朵相比内地实在是太大了。

那个时刻，我对佛教的精髓还不甚了了，只是认为每每当芍药绽放，都似一个又一个花之坛城。今日，繁华过后，斗转星移，静心思虑，人间不过百年的行走，在时间的诸法面前，几花欲老几花新？

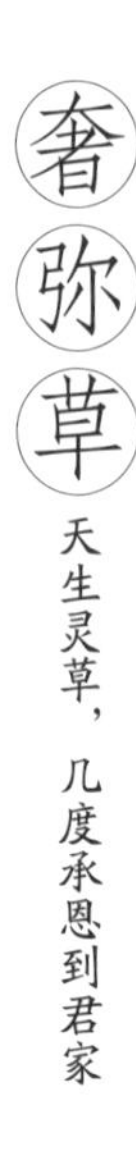

2020年6月10日，在《光明日报》头版，我看到一条新闻：宁夏吴忠市红寺堡区百瑞源原生态枸杞种植基地的头茬枸杞进入采摘收获季，采摘时间比去年有所提前……这让我想起曾多次去宁夏出差的场景，当地朋友送我的礼物多是色艳、粒大、皮薄、肉厚、籽少、甘甜的枸杞。宁夏是枸杞原产地，栽培枸杞已有500多年的历史。

每次夜深人静，当写作充满倦意，泡上一杯枸杞茶，权当写作的中场休息。认真观察玻璃杯中的枸杞，在沸水的作用下，有的枸杞渐渐变成圆形，有的枸杞渐渐变

《现代汉语词典》第7版461页，“枸杞”的解释是：落叶灌木，叶子卵形或披针形，花淡紫色。果实叫枸杞子，红色浆果，圆形或椭圆形。果实和根皮可入药。

成椭圆形……我的一只眼睛在大学时代打篮球被冲撞，造成视网膜脱落，在湖北省人民医院手术后，主刀医生就告诉我说多吃枸杞，因为它有明目、养肝、滋补的功效。

明代杰出医药学家李时珍所著《本草纲目》中，就将宁夏枸杞列为本经上品，称“全国入药杞子，皆宁产也”，意思是宁夏枸杞从药效和营养价值上来讲均居国内前列。

15世纪末，大旅行家马可·波罗(1254—1324年)西行到中国宁夏枸杞之乡——中宁，途中饥饿，寻一山野农家充饥，恰逢农舍老妇胃寒、染疾卧床，奈何媳妇用当地的神果——枸杞煲鸡汤伺母，亦无疗效，少妇为此已十数日满面愁云。当马可·波罗喝下一碗“枸杞煲鸡汤”后，很快神清气爽。马可·波罗随即将随身所带的咖啡果研磨后让病中老妇食之，食后不几日便恢复安康。

马可·波罗的旅程令其认识到枸杞果为稀世中药材，便收集了许多，以备游历途中解劳累之苦。一次，马可·波罗偶将东方枸杞与西方咖啡混合熬制并饮之，顿感神旺气足且味美无比，于是兴趣大增，不断完善枸杞咖啡的配方。后来，此方随马可·波罗的足迹流传于一些达官贵族家中，视为中西结合养生保健之秘笈，从不轻示于人。民国肇造后，枸杞咖啡配方载于宁夏民间秘术绝招大观中。

1922年出版的《佛学大辞典》，著者丁福保在第2067～2068页上对“奢弥草”作出解释：

> （植物）Sami，又作赊弥，奢弭。木名。译曰枸杞，合部金光明经六曰：“奢弥（枸杞）草。”不空罥索陀罗尼经上曰：“赊弥木，此云枸杞。”

宋代李复（1052—？）曾写《慈恩寺枸杞》：“枸杞始甚微，短枝如棘生。今兹七十年，巨干何忻荣。”

从宋代走到民国的北平，北京大学终身教授季羡林（1911—2009年）先生在1933年12月曾写下他对“枸杞树”的一场记忆：

> 移到清华园来，到现在差不多四年了。这园子素来是以水木著名的……在不经意的时候，总有一棵苍老的枸杞树的影子飘过。飘过了春天的火焰似的红花；飘过了夏天的垂柳的浓翠；飘过了红霞似的爬山虎，一直到现在，是冬天，白雪正把这园子装成银的世界。混合了氤氲的西山的紫气，静定在我的心头。在一个浮动的幻影里，我仿佛看到：有夕阳的余晖返照在这棵苍老的枸杞树的圆圆的顶上，淡红的一片，熠耀着，像如来佛头顶上的金光。

发奋识遍，读尽立志。

许多年前，在广州天平架，有一家叫“石蜜”的冷饮店，有一款饮料就叫“石蜜”，我当时还很奇怪，店员告诉我说，其实就是冰糖水。我当时并没有继续问缘由。

许多年之后，我才知道石蜜竟是佛教世界的食物之一。佛经中的“伽尼”之翻译就是“石蜜”或“甘蔗糖”。翻开 1922 年版《佛学大辞典》，著者丁福保在第 858 页写下对“石蜜”的解释：

> （饮食）冰糖也。善见律十七曰：“广州土境，有黑石蜜者，是甘蔗糖，坚强如石，是名石蜜。伽陀者，此是蜜

如果了解“石蜜”的前世今生，你一定会对这两字的组合感到惊叹。

也。”法华玄义七曰：“言石蜜者，正法念经第三云：如甘蔗汁器中火煎，彼初离垢名颇尼多。次第二煎，则渐微重，名曰巨吕。更第三煎，其色则白，名曰石蜜。”本章曰：“一名乳糖，又名白雪糖，即白糖。出益州，及西戎。用水牛乳汁米粉和沙糖煎炼作饼块，黄白色而坚重，川浙者佳。主心腹热胀，润肺气，助五藏津，治目中热膜，口干渴，可止目昏暗能明。”按根本律，有糖无石蜜。律摄云：糖摄石蜜也。

在《佛光大辞典》第2138页上，关于“石蜜”有这样的补充：

梵语 phānita。冰糖之异称。五分律卷五作五种药之一。苏悉地羯啰经卷上分别烧香品作五香之一。

“冰糖水”就是“石蜜”在我的记忆中就这样扎下根来。

广州的生活，总是美食的天堂，1990年代中期，从香港TVB来广州公干的朋友宴请，是在东方宾馆，就是拍摄电视剧《公关小姐》的那家酒店，饭后他对服务员说可以上冰的“糖水”了。当我喝完这一小碗“糖水”后，觉得似乎是加了椰汁和银耳，非常好喝，之后我才知道“糖水”在粤语里的意思。

想必“石蜜”就是佛陀时代最可口的饮品之一吧。

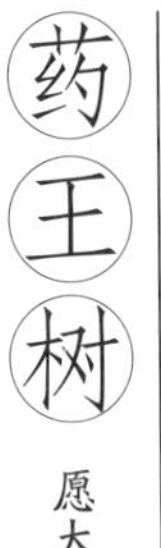

愿大地河山，尽成琉璃光世界

凡是接受过九年义务教育的同学都知道“药王”是孙思邈(581—682年)，但“药王树”于我而言，闻所未闻。

2017年11月14日，有幸来到位于河北的恒岳药师道场大佛光寺药师殿，我在写作博士论文时专门阅读了“药师佛”的相关历史文献，但听闻“药王树”的故事还是第一次。开山尊长上真下广大和尚开头的一句话令我吃惊不已，他说，《华严经》曾写到“雪山顶有药王树，名无尽根”。它的草木可以治病，称为药草、药树。它还有一个名字叫“药树王”，最胜者称为“药王”。《本草经》说：“有药王树，从外照

内见人腹脏……”

医学知识听得我着实汗颜，丝毫不懂。

在胡晋庵敬撰、大佛光寺立石的《启建因缘记》中，我看到这座作为药师道场的源流记述：“神龙二年，义净三藏重译《药师经》于大佛光殿，嗟乎，日月移转，时世非而殊异，真诠常耀，佛愿深以昭衍，历唐而今，从殿至寺，法门交映……”

1922年出版的《佛学大辞典》，著者丁福保在第2285～2286页上言简意赅地写下对“散陀那”的解释：

> （植物）花名。慧琳音义二十六曰：“散陀那花，亦云线陀那，此云流花也。”探玄记二十曰：“删陀那大药王树者，此云续断药，谓此药树能令所伤骨肉等皆得复续故。”

“散陀那”是梵语音译，又作“删陀那”，意译为续断、和合。该木之树皮可作愈疮之用，或使断伤接合。

上真下广大和尚讲述的药师佛有两个化身：一是药树王，专医人的生理疾病；一是如意珠王，专治人的心理疾病。《法华经》载，服了药树就能治愈肌体上的病痛，服了如意珠就能使人如意，从而使人心旷神怡，身心安乐，健康常乐。可以说，药师佛既是大医药王，又是出色的心理学家。

2015年，我在中央民族大学藏学研究院的博士论文《安远柔边：戴传贤与民国藏事（1912—1949年）》

中曾写有“药师七佛法会：现代国家理念通过宗教遵行”这一段，将其找出，权作本文的结尾：

> 1933年1月14日，43岁的戴传贤与众信徒，为“护国济民”，[1]虔诚邀请二度到京的九世班禅修建护国济民弘法利生为主题的药师七佛法会于南京宝华山隆昌寺。药师又称大医王佛。由于“药师本愿为十二”，[2]戴传贤于是发十二大愿，将他在1931年底发表的《仁王护国法会发愿文》中的十大愿再次纳入，同时在此法会又增加两愿，组成十二大愿，“终身奉之，以为法要”。[3]两条新愿为第九条和第十二条。其中第九条是“愿全国同胞汉满蒙回藏以及回疆乃至西南诸省山间民族，共存天下为公之大心，同发团结国族之大愿，以三民主义为依归，则共信斯立，以忠信笃敬律言行，则互信以固，分多润寡，人人存乎慈悲，截长补短，事事行于方便，同心同德，并育并行，复兴富强安乐之中华，有志竟成，造成尽善尽美之民国，后来居上”；[4]第十二条是“愿大慈大悲药师世尊，运无缘慈，施无畏法，悯念众生，普垂加被，使人人觉

① 戴季陶：《跋药师法会愿文赠谭云山先生书》（1933年12月于待贤馆），陈天锡辑：《戴季陶先生文存》卷三《佛学部门》，台北：“中央文物供应社”，1959年3月，第1322页。

② 陈天锡：《戴季陶先生的生平》，台北：“商务印书馆”，1968年5月，第325页。

③ 戴季陶：《跋药师法会愿文赠谭云山先生书》（1933年12月于待贤馆），陈天锡辑：《戴季陶先生文存》卷三《佛学部门》，台北：“中央文物供应社”，1959年3月，第1322页。

④ 陈天锡：《戴季陶先生的生平》，台北：“商务印书馆”，1968年5月，第328页。

悟，共发至诚，忏既往之夙业，种当来之善果，一切烦恼灾障，消除无余，村城国邑，布满佛号经声，大地河山，尽成琉璃世界，千秋万世，善业昭垂，四海五洲，仁风永被，中华巩固，民国万年，万邦协和，正法永住。"[1]

为实现十二愿，戴传贤奉行十二遵行，遵行中包括的服务社会、尊重女性、普设医院、广施药品、立法施政、改良刑政、政重民生等现代国家理念通过宗教的本愿形式令佛教弟子遵行值得思考。

发此十二愿对戴传贤意味着"自誓之后，四众弟子，愿竭身心，力求实现"[2]。戴传贤自谓曰："此非一人之私言，实为天下之公言。故不敢显个人之名，托之于众人之口。"[3]值得一提的是，就在此次法会上，戴传贤受九世班禅药师灌顶，名曰不空金刚。自此之后，其开始佛学著述，并大多署名为不空。

① 陈天锡：《戴季陶先生的生平》，台北："商务印书馆"，1968年5月，第328页。

② 戴季陶：《药师七佛法会发愿文》（1933年1月），陈天锡辑：《戴季陶先生文存》卷三《佛学部门》，台北："中央文物供应社"，1959年3月，第1182页。

③ 陈天锡编：《戴季陶先生编年传记》卷上，台北："中华丛书委员会"，1958年5月，第94页。

炎炎夏日下，祛除苦热而得身心清凉的密钥

在我的印象中，佛门好像是不吃香菜的，认为这是荤物。到底能吃还是不能吃香菜，我的确不甚了解。2019年夏，在台北“中央研究院”傅斯年图书馆，我看到一部1970年代出版的日文版《佛教植物词典》，因只能阅览，于是请朋友辗转帮我从日本购回一部由和久博隆编著、国书刊行会2013年新装版的《佛教植物词典》。当我在2019年末的北京收到此书后，随手一翻，一下就看到了“香菜”这个词条，虽只有短短三行字。

芫荽，别名胡荽、香菜、香荽，为一、二年生草本植物，是人们熟悉的提味蔬菜，

2003年上海辞书出版社出版的《辞海》彩图音序珍藏本第2457页，“芫荽”的解释是：俗称“香菜”。伞形科。一二年生草本。出叶为奇数羽状复叶，小叶卵形，叶柄绿色或淡紫色。春夏间开白或淡紫色花，复伞形花序。性喜冷凉，忌炎热。原产地中海沿岸；中国各地均有栽培，以华北最多。有特殊香味。果实可提取芫荽油；茎叶作蔬菜。中医学上以全草入药，功能解表，透发麻疹。

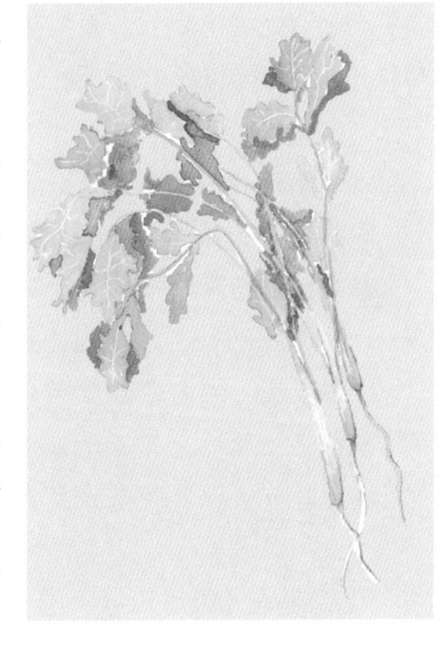

状似芹，叶小且嫩，茎纤细，味郁香，是汤、饮中的佐料，多用于做凉拌菜佐料，或烫料、面类菜中提味用。

香菜具有药用价值，《本草纲目》称"芫荽性味辛温香窜，内通心脾，外达四肢"。香菜原产地是欧洲地中海地区，据传是公元前138年至公元前119年张骞从西域带回。香菜在佛教经典中叫什么名字？这个名字有些令我惊异，因为它叫"优尸罗"。

1922年版《佛学大辞典》，著者丁福保在第2750页对"优尸罗"作了简要解释：

> （植物）冷药草名。见正法念经二十三。译曰香菜。

如此解释着实有些简单，于是翻检出《佛光大辞典》，在第6403页上，香菜被称为"优尸罗草"，其解释也为各类佛教词典中最详尽：

> 梵语usīra，巴利语usīra，又作忧尸罗草、乌施罗草、嗢尸罗草，意译为茅根香。其亦称饮第篪、香菜，冷药草之一，属于蜀黍类，其根有香气。它的学名Andropogon muricatus，产于喜马拉雅山麓、恒河流域、缅甸、斯里兰卡、爪哇、非洲等地，分布在海拔约一千三百千米以上之区域。于印度，在盛夏时节，以其粉末涂身，可袪除苦热而得清凉。

无论是在《最胜王经》卷七，还是《正法念处经》

卷二十三，抑或《蕤呬耶经》卷中、《十诵律》卷十一，均能看到“优尸罗草”的身影。

优尸罗草就是香菜，但香菜会开花可能许多人没有注意。香菜的个头随着时间慢慢变高，当枝叶舒展后，米粒大小的绿色迷你花苞悄悄就出来了。突然有一天，它一下子就全部盛开了，细白的小花，很像满天星。夏日的黄昏后，我静静地看着这一朵朵香菜花，那是五朵合聚，每一朵，都亭亭玉立，散发着清香。

发现心灵，润滋心灵。

浴佛节日、密教作坛时不可或缺的宝物

郁金香在我的印象中是西洋花卉，2018 年 4 月还在北京大兴参观过一次万亩郁金香花海世界，满眼望去一片一片的颜色海洋，近观每一朵郁金香都开得非常认真。在这里我恶补了一些有关郁金香的文化内容：原产于土耳其，是土耳其、荷兰、匈牙利等国的国花。

更有意思的是，不同颜色的郁金香还被赋予了不同的文化符号，紫色郁金香是“无尽的最爱”，粉色郁金香是“永远的爱”，

2003 年上海辞书出版社出版的《辞海》彩图音序珍藏本第 2616 页，有“郁金”和“郁金香”两词条，但完全不是一类。“郁金香”是百合科。多年生草本，具卵形鳞茎。叶 3 ~ 4 枚，广披针形，带粉白色，基部抱茎。春初抽花葶，顶开一花，杯状，大而美丽，有黄、白、红或紫红等色，有时具条纹和斑点，或为重瓣。鳞茎繁殖。原产小亚细亚；中国各地栽培。供观赏。

黄色郁金香是开朗的代表，黑色郁金香是神秘、高贵的代称。

郁金香也称为“郁香”，它的叶接茎下部互生，广披针形；茎顶生钟形花，花瓣6片，底部凹面广。原种白色红缘，其他有赤、黄、白、紫等色。认真观察其中的一朵，每一株郁金香的叶大约3到5片，花丝无毛，无花柱，柱头增大呈鸡冠状，花期可长达4到5个月时间。可是我并不知道郁金香也是佛教世界的花朵。

1922年版《佛学大辞典》，著者丁福保在第2996页对“郁金香”作了旁征博引的解释：

> （植物）郁金，草名。梵语，恭矩磨Kuṅkumaṁ，其花黄而香，可以为薰香。名义集三曰：“恭矩磨，此云郁金。周礼春官，郁人采取以鬯酒。说文云：郁金草之华，远方所贡芳物，郁人合而酿之，以降神也。宗庙用之。”最胜王经七曰：“郁金恭矩么。”

更有意思的事，每年阴历四月八日浴佛节，其所需的五色水中的第一水就是以郁金香为赤色水，以安息香为黑色水，以灌佛顶。

这让我想起19世纪法国浪漫主义作家大仲马（1802—1870年）笔下的《黑郁金香》，译者写下了这样的文字：“郁金香这种美丽的花，原产于小亚细亚，1559年经由君士坦丁堡传至欧洲，在这以后的一百多年中，这小小的植物给整个欧洲带来了轩然大波，特别是在荷兰，甚至出现了举国若狂的郁金香热。”大仲马的《黑郁金香》正是以17世纪荷兰的激烈的政治斗争为背景，通过培植黑色的郁金香这条线，描写了一对青年男女的可歌可泣的爱情故事。世上是否真的有黑郁金香呢？译者孤陋寡闻，但译者看到1983年5月16日的《新民晚报》有枕书先生写的一篇名为“郁金香”的“博物小识”，提到这样一个传说：“海牙有一个皮匠所种的郁金香中，有一株开了黑花，马上有人来向他求购，最后这株黑郁金香换得一千五百金币。但来人接过那株黑郁金香，立即将它摔在地上，狂暴地践踏它，不用说皮匠，连旁观者也给弄糊涂了。原来这人自己也种郁金香，巧的是他也种出了一株黑色的。”为了保持“唯一的黑郁金香”的称号，他不惜代价，不择手段，非把对手摧毁不可，他一边踏，还一边对皮匠说：“五分钟以前，你如果要一万金币，我也只好给你。”

译者引用了这个传说，目的在于说明黑色的郁金香即使没有，也是人们的一个梦想。梦想如果不是空想，也有可能实现的机会。

值得一提的是，在《建立曼荼罗择地法》上佛教世界的密教作坛时，与五宝五谷共埋地中者：一檀香，二沉香，三丁香，四郁金香，五龙脑香。

在佛教经典《一切经音义》第十八卷、《大唐西域记（校点本）》第十二卷、《华严经海印道场忏仪》第二十五卷都有“郁金香”的身影。

佛陀篇

愿托心香供

佛陀篇引言

释迦牟尼是佛教的教主，他在 81 年的人生旅程中有过无数的经历，但佛教经典里讲述他人生中许多重要的时刻，都有植物在旁。每次读到这些似乎熟悉、想想并不熟悉、甚至可以说似是而非的植物，脑海中无数次闪过一念——知根知底，心现识变。

于是，竭尽所能地在史料和辞典世界里，感同身受地返回佛陀生活的时代现场：古印度的炎炎日下，何处有阴凉？唯有大树下。于是，无忧树下，佛陀的母亲诞生了未来的佛陀；于是，阎浮树下，身为少年的佛陀在此禅定；于是，菩提树下，面对无常的世界成就为佛陀；于是，尼拘律树下，开始人间的说法；于是，娑罗树下，告别生老病死的人世……

“树”就这样成为我的思考主题，让我在竹林精舍、祇树给孤独园的静世界中，去探索与佛陀相伴的这些没有执着、没有分别、没有嗔恚者的前世今生，探索这些无声之友传递出佛陀对世间种种大爱的真缘，全新把握佛陀与自然相伴的真如理念：从绿水青山的自然之爱延展为金山银山的真心之爱。

吉祥草

在我的记忆深处，2006年夏，第一次到访西藏萨迦派寺院，它离拉萨贡嘎国际机场不远，寺院的名字是山南贡噶曲德寺，年轻的住持格桑曲培接待了我。

在引我参观大殿之际，高高的法座上有厚厚的一层草垫——五颜六色的草垫。他看出我的疑惑，只是简单说了句，这是吉祥草，也叫牺牲草。

牺牲草？为什么会叫牺牲草？吉祥和牺牲在汉语世界可是完全不同的词意。格桑曲培似乎又看出我的疑惑，但没有立即回答我。

只见这堆法座上的干草茎刚直平滑，叶则居茎的下方，看上去根根都有些尖锐的茸毛。格桑曲培这时候说道："这种草极锋利，触身便破，如两刃形，当我们持诵时，需正襟危坐，一动不动，稍有放逸自纵，就会伤及自己的身体。"

我似乎理解了"牺牲草"的内在含义。

回到北京，记得2010年前后，中国西藏信息中心刁怀山兄引我到锡拉胡同一处佛教生活馆吃素食，在一间清静房中，我再一次相遇了"吉祥草"，想起佛陀的座位即如此摆设。

后来，我得知吉祥草产地主要在印度、缅甸等地，对土壤的要求不高，海拔

170～3200米的阴湿山坡、山谷或密林均可生长。

1922年出版的《佛学大辞典》，著者丁福保在第942页言简意赅写下对吉祥草的定义：

（植物）梵名姑奢，又作具舒，矩尸，译言上茆、茆草，或牺牲草。吉祥童子所奉之草，故曰吉祥草。佛敷之为座以成佛。七帖见闻五末曰："一义云：茅草头似剑，魔王见之，剑上坐思成怖畏，去此草

吉祥草，又名紫衣草，是百合科，吉祥草属多年生常绿草本植物，株形优美，叶色青翠，是非常好的家庭装饰花卉。吉祥草入药具有润肺止咳、祛风等效用。

名智剑草（云云）。一义云：此草敷精舍，去不净，七尺也，佛为去烦恼不净用之也（云云）。一义云：此草吸物热，仍以空观草，吸烦恼热事表。”

2019年冬，格桑曲培住持到京办事，我们又一次谈到“牺牲草”，同行朋友、中央民族大学周宝金博士的眼神跟多年前的我毫无二致。于是格桑曲培再一次开启了草之讲述：“佛陀在菩提树下成佛时，所坐的草就是吉祥草，此草由吉祥童子为佛陀敷设在座位之上。古印度即视此草为神圣、祥瑞之草，在举行各种仪式时，多将吉祥草编成草席，并于其上放置诸种供物。敷草为坐时，则障碍不生、毒虫不至，且性甚香洁；然此草利如刀刃，极易割伤身体，修行者若稍有放逸，定会为其所伤，故借此激励自己在学法的路途中勇猛精进，不可有一丝一毫的懈怠。”

看到我们洗耳恭听，格桑曲培又讲了我此前闻所未闻的故事：

一位孤苦伶仃的母亲失去了丈夫后，最终也失去了她唯一的孩子，从此精神受到强烈刺激，转变成精神疾病。一天，这位母亲突然听到佛陀法音，立时清醒，请求佛陀救救她的孩子。佛陀告诉她，只要找到吉祥草，孩子就能起死回生。不过，这个吉祥草必须得长在没死过亲人的家庭门口。这位母亲于是找啊找，结果没有一家没有死过亲人，没有一家门口长着吉祥草。

多年之后，她突然醒悟：人生无常，生老病死是自然规律，任何有情众生，都会经历死亡的到来……

在藏传佛教的密宗仪式中，吉祥草被用于火供、灌顶等仪式中。此外，在印度民间社会，如果有人在旅途中死亡或失踪，他的葬礼就被亲属用吉祥草做成人形，当作尸体火葬。

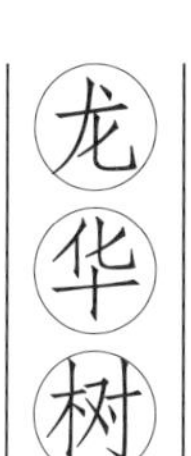

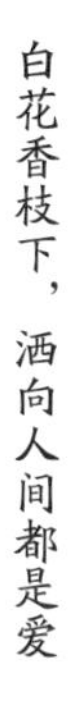

2003 年一次偶然的机缘，来到六祖惠能的故乡——广东新兴县，在东成镇云河与都村之间有一座千年寺院，它就是傍山而建的龙华寺，寺院中让我记忆最深的就是壁画上绘有彭祖与仙人弈棋的“山中方七日，世上已千年”的场景。

这就是我对“龙华”二字最初的佛教因缘。

2018 年，受程恭让教授的邀请，我到上海大学参加道安佛学研究中心主办的研讨会，顺道前往上海龙华寺，这座五代吴越时期建造的佛教寺院是上海历史上最久

龙华树的树干平滑直立；叶呈长椭圆形，厚且光滑，先端尖而下垂；花瓣有四，呈纯白色，具有香气；果实大如胡桃，呈橙色，内藏种子。其花枝如龙头，树枝如宝龙，子出龙宫，故名龙华树。

远、规模最大的古刹。1930年代，龙华寺在侵华日军炮火中受到重创……

眼前这座龙华寺的名称，的的确确来源于佛经中弥勒菩萨在龙华树下成佛的典故。山门正中有用隶书写的“龙华”匾额，两字上方有颗放大的金印“钦赐神堂龙华讲寺之宝印”，这是龙华三宝之龙华寺的皇赐金印，其实那是一方玉制的印，因是皇帝所赐即叫金印。其旁还有“江南古刹”“人间兜率”的匾额，因为龙华寺是江南最古老的寺院之一，所以叫“江南古刹”。当年佛祖指定弥勒为佛的接班人，去“兜率天”修行，龙华寺是弥勒人间修行的地方，故称“人间兜率”。

作为弥勒佛的道场树——龙华树，有汉译“那伽树”“龙华菩提树”，属金丝桃科之乔木，产于孟加拉、印度半岛东西两侧及安达曼群岛等地。

1922年出版的《佛学大辞典》，著者丁福保在第2722～2723页上写下对“龙华树”的解释：

> （植物）弥勒佛成道时之道树也。梵名，奔那伽。弥勒大成佛经曰：“枝如宝龙，吐百宝华。”大日经疏七曰：“奔那伽是龙树华，弥勒世尊于此树下成佛，其直云龙华者，是龙中所尚之花，西方颇有其种。”

据佛典所载，此树乃弥勒菩萨成佛时的菩提树。弥勒菩萨现居于兜率天，于佛陀入灭后五十七亿六千万年（一说五十六亿七千万年），自兜率天下生于人间，于龙华树下成道，为众生三度说法。此说法之会座即称龙华会。

《增一阿含经》卷四十四中说："去鸡头城不远，有道树名曰龙华，高一由旬，广五百步。时弥勒菩萨坐彼树下，成无上道果。"据《弥勒大成佛经》上说："龙华树，其枝如宝龙，吐百宝花。"

鸠摩罗什译《弥勒下生经》说："弥勒佛在华林园时，听法者布满整座林园，初会说法时，有九十六亿人证得阿罗汉果；第二会说法时，又有九十四亿人证得阿罗汉果；第三会说法时，又有九十二亿人证得阿罗汉果……"

龙华会本是佛教僧众庆祝弥勒佛降生的法会，但到了清代，龙华会的名称屡被秘密会社借用，虽具有反抗封建统治的倾向，但其进行的教主崇拜、敛钱图财、精神控制等活动，同样构成了严重的社会问题，当然这远离了我们所愿听闻的主题。

微乎其表，精粹其里。

马麦

看似眷顾他人，其实最终眷顾的是自己

2020年5月8日，手机上闪烁一条来自广东潮州开元镇国禅寺“结夏安居”的通启：

> 潮州开元镇国禅寺谨遵佛制，将于2020年5月8日（农历四月十六日）始，进行庚子年“结夏安居”，持续至2020年9月2日（农历七月十五日），为期四个月（含：农历闰四月）。在此期间，潮州开元寺僧众摒除外缘，诵经共修，精进修道。

《现代汉语词典》第7版第130页，对“草料”解释道：喂牲口的饲料。

“结夏安居”四个字一下子将我的记忆带回到古印度的佛陀身边，“马麦之难”就肇源于此。佛陀生活的古印度气候炎热多雨，雨季长达三个月，虫蚁繁殖迅速，草木生长繁茂，出家人为避免出外托钵行化时踩伤虫蚁与草木新芽，于是规定在雨季里避免外出，聚居一处，安心修道，称为“结夏安居”。

那么践行美好的“结夏安居”怎么就让已经成道的佛陀还能被人妄骗，以致不得不与五百名比丘连吃三个月难以下咽的马麦？马麦是马用的粮食。读着这个佛教世界不可思议的真实故事，细品这个号称“佛陀十难”之一的故事，刹那间感悟到它带给我的人间忠告。

1922 年出版的《佛学大辞典》，著者丁福保在第 1730 页上写下对“马麦”的解释：

> （故事）马粮之麦也，佛一夏受阿耆达婆罗门王请，安居彼国，与五百比丘共食三月马麦。是佛十难之一。楞严经六曰：“若不为此舍身微因纵成无为，必还生人酬其宿债，如我马麦正等无异。”

这是佛陀接受一位婆罗门名为阿耆达王（简称阿王）所请，到他的国家结夏安居，佛陀知道自己往昔的因缘，于是默默受请，阿王精心准备好世间各种美食以迎接佛陀和他的五百比丘僧团。

遗憾的是，当佛陀还没有到达，天魔就用各种珍宝、音乐、美食、荣华富贵、色欲这五件事情大肆迷惑阿王，令他深居宫中享乐并彻底忘记供养佛陀之事。被迷惑的阿王特意交代部属，三个月内不得禀报大小诸事。

当佛陀远道来到阿王门前，遭到守卫拒绝，因国王没有交代为他们提供精舍，佛陀只好跟五百比丘在城外北边树林里“安居”。恰在此时，这一区域遭逢饥荒，谷米昂贵，加之人民多不信佛，所有人托钵乞讨几乎均空碗而归。

看到此情此景，一位贩马人希望能用马麦也就是马的草料供养这个被迫飘落在外的僧团，许多比丘闻讯非常悲哀，因为马麦如此粗恶，怎么忍心供养佛陀？遥想当年多少美食供养佛陀，今天却落到吃马粮的地步。阿难央求一位老婆婆帮他把马麦煮熟好供佛，不料老婆婆推说太忙，恕无法帮忙，另一位婆婆闻讯后就为他把马麦煮熟了。当佛陀平静地吃下这些马粮，其他僧侣亦忍着悲痛吃这些马粮的时候，奇迹出现了，马麦竟然赛百味，这竟是人间的最美之味。

与五百比丘共食马麦三个月的光阴就这样过去了，佛陀请守卫向阿王通报准备离开，阿王闻讯才突然想起邀请佛陀这件事，于是惊慌失措，立即赶到佛陀面前赔礼道歉。当他得知整个僧团吃了三个月的马粮后，他向佛陀询问：“您大福大贵，为什么还会受到马麦之难呢？”

佛陀说，当时有一国太子名叫维卫，得道成佛，全城都要庆贺并用最好的美食供养他。此时有一个名叫梵志的人和他的弟子们恰好路过目击盛景，梵志轻蔑地说道，全城的人实在是太痴迷，我看这样的人只配吃马麦，他的弟子们随声附和。

佛陀转身对弟子们说道，这个梵志就是我，当时的弟子就是你们。这就是我种下的果源。我们僧团要谨言慎行，因为善恶有天平，从来都不虚。

在京城冬夜，窗外寒气逼人，在暖色的台灯下，我若有所思地缓缓合上《中本起经》，但佛陀食马草的寓意渗入我心。

善恶有天平，从来都不虚。

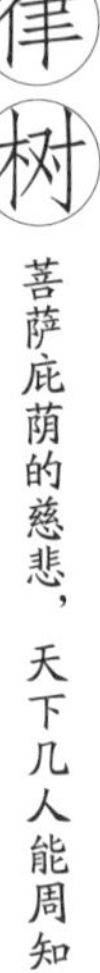

在我的佛教常识中，我对被称为“印度榕树”的尼拘律树，所知仅限于佛陀在此树下受梵天劝请驻人间说法。

再次走近这个桑科植物，是2020年的春天，因新冠疫情而被封闭在住宅小区，居家隔离的我心无旁骛地走进尼拘律树的文字世界。

尼拘律树也被汉译为尼拘树、尼拘类树、尼拘陀树、尼拘屡树、尼拘留他树、诺瞿陀树，意译为无节、纵广、多根。多产于印度、斯里兰卡和缅甸等南亚国家。其形似榕树，树干端直高大，叶呈长椭圆形，叶端为尖形，向四方蔓生，气根常自侧枝

《现代汉语词典》第7版321页，对“独木不成林”解释道：一棵树不能成为树林，比喻一个人力量有限，做不成大事。

发生，深入地下，致成支柱，用以支持树体，因此一树可以成林，被称为独木林。果实似无花果，大如拇指头，内含无数小种子。材质坚硬耐老，多用于建筑物的支柱或各种器具的横木等。

翻开《慧琳音义》卷十五：“此树端直无节，圆满可爱，去地三丈余，方有枝叶，其子微细如柳花子。唐国无此树，言是柳树者，非也。”

《佛说罪福报应经》中写道，一次佛陀在从迦毗罗卫国往舍卫国祇树给孤独园的路上，两国国界连接处有一株大树，即尼拘律树，高二十里，枝布方圆，荫覆六十里，树上子千万斛，吃时香甘，味甜如蜜。当果实熟落之后，人民取来食用，众病皆除，眼目精明。于是佛陀告诉身旁的阿难：“大众积聚福报，就如同此树，本来只是种了个小核，渐渐长大，所得利益却是无限。”

在《大智度论》卷八中，佛陀以此树高大能覆荫五百车乘，而其种子小于芥子来比喻老妇人以净信心供养佛，其因虽小，而能得大果报。

在这里要提及一下迦叶佛，迦叶佛以此树为道场树。他是过去七佛中的第六佛，出世于释迦牟尼佛之前，相传为释迦牟尼佛之本师。他在尼拘律树下成佛，有弟子二万人。

智谋之源，谋智之用。

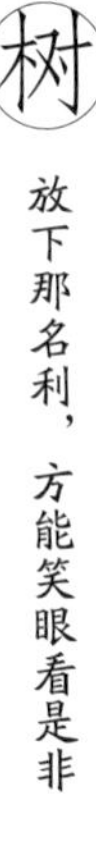

2019 年春，我在台北“中央研究院”近代史研究所专题写作中国台湾地区“藏学之父”欧阳无畏（1913—1991 年）时，参考了一本创刊于 1952 的佛教月刊《菩提树》，这是一份以“菩提”为名、声誉颇著的台湾地区佛教刊物。

这一年，我有半年时间工作生活在台北南港，一次从孙中山纪念馆参观出来，已是斜阳西下，漫步仁爱路，猛然发现两旁种植的全都是枝叶繁茂、亭亭高耸的菩提大树。

菩提树在佛教世界中是指诸佛成道处的树木，它又称觉树、道树、道场树、佛树、思惟树。菩提树属桑科无花树，枝叶繁茂，亭亭高耸。用手轻轻抚摸菩提树干，它的灰色树皮比较平滑，再认真观察这些菩提树的叶子，呈网状，平滑且有光泽，为不等边心脏形或广三角形，前端是尖尖的，后面带白色的茸毛，边缘呈波状。有的叶子是橘红色，有的叶子是浅绿色，有的叶子是说不清楚的混合色，这些色彩斑斓的树叶要不了多久，就会变成统一的颜色——绿色。

我有时扪心自问，为什么心底会这么关注所到的每一座城市是否栽植菩提树？想来想去，唯一能说服我的理由，就是佛陀等诸佛均在此树下成道。

从仁爱路搭乘 270 公交车返回“中央

研究院”学术活动中心住处，开始阅读菩提树的资料，可知菩提树盛产于印度及孟加拉等地，花包容在小型壶状之花囊内，花囊熟时呈暗橙色，内藏小果。果实由花托发育而成，呈扁圆形，质地坚硬，可做念佛之数珠。《雷州府志》曰:“菩提果色白者，味甜，五月熟。”

只见菩提树，未见菩提果。

2023年春，在缅甸北部，一座寺院的名字是“佛历5000年大佛塔”令我吃惊，毕竟今年是佛历2548年。站在佛塔旁巨大的菩提树下，这一天是5月3日，佛陀涅槃日，缅甸称之为浴榕日。寺院管理委员会主席吴昂敏都告诉我，在缅甸，菩提树就是榕树。

佛陀在这株菩提树下成正觉[①]时的场景究竟怎样?在《修行本起经》卷下，我如愿以偿，历史的文字仿佛今天的个人直播:“其地平正，四望清净，生草柔软，甘泉盈流，花香茂洁，中有一树，高雅奇特，枝枝相次，

《现代汉语词典》第7版第1016页，“菩提树”的解释是：原产印度，相传释迦牟尼曾坐菩提树下顿悟佛法，所以菩提树被佛教称为圣树。

① 正觉，精神的自我完满。《阿毗达磨俱舍论》卷二三：“声闻种性，暖顶已生，容可转成无上正觉。”

叶叶相加，花色蓊郁，如天庄饰，天幡在树顶，是则为元吉，众树林中王。”

几行文字，仿佛2500多年前的情景再现。

佛陀经过六年的苦行后，放弃了苦修，接受了难陀和波罗二位看牛牧女供养的乳糜粥后，渡过尼运河，来到一株茂盛的菩提树下，坐了下来。他下定决心，发出宏愿："即使我的皮肤筋骨都干枯，全身的血肉都销尽，如果不能成就，决不离开这里。"

这时，魔界开始震动，魔王说："悉达多想遁出我的势力，我能让他逃出我的手掌心吗？"

于是魔王派出三位美女——一位欲染、一位能悦、一位可爱乐，并找她们三位进行谈话：太子悉达多这个人，他见到人生无常，想救助一切众生，他有敲开解脱生死的大愿钟，手中还有无我的弓和智慧的箭，企图摆脱生死轮回，带领众生脱离魔界！你们三位要在他成佛之前，毁掉他坚固的志愿，折断他悟道的桥梁，将他赶进爱欲的汪洋大海中！

三位美女杀气腾腾地向魔王保证：坚决完成任务！

目标——菩提树下！

魔王对着菩提树下的太子悉达多喊话与警告："为人的真实之道就是去征战天下，然后享受人间王者的快乐，否则你将在我的毒箭下身亡。"

太子闻讯岿然不动，愤怒的魔王于是开始施放毒箭，可是没有命中。魔王歇斯底里放出最后的招数——毒蛇猛兽，结果都变成无色花朵，飘落在太子身旁。

魔王失败了。

《金光明经》记载，菩提树有位守护神是位天女，称之为菩提树神。天女恒常念佛，看见佛陀后，发愿永不离开他，所以成为守护菩提树的树神。

菩提树神为了向太子表示敬意，在他身旁撒下似红珊瑚状的嫩枝，于是太子获得了知晓过去的宿命智慧，随后获得了缘起……直到他得到一切智后成为佛陀。

1922 年出版的《佛学大辞典》，著者丁福保在第 2113 页上写下对“菩提树”的解释：

> （植物）释尊于此树下成道，故名菩提树，译曰道树，又云觉树。然此树之本名，法苑珠林八云阿沛多罗树……酉阳杂俎曰：“菩提树出摩伽陁国，在摩诃菩提寺。盖释迦如来成道时树，一名思惟树，茎干黄白，枝叶青翠，经冬不凋。至佛入灭日，变色凋落，过已还生。至此日，国王人民，大作佛事，收叶而归，以为瑞也。树高四百尺，已下有银塔周回绕之。彼国人四时常焚香散花，绕树作礼。唐贞观中，频遣使往，于寺设供，并施袈裟。至显庆五年，于寺立碑，以纪圣德……”翻译名义集曰：“西域记云：即毕钵罗树也。昔佛在世高数百尺，屡经残伐，犹高四五丈。佛坐其下成等正觉，因谓之菩提树。”

“屡经残伐，犹高四五丈”这句话令我感慨，这是因为佛陀成道地的菩提树当时高达数百尺，在其圆寂后屡次遭受阿育王、设赏迦王等砍伐，然仍新芽繁茂。读到此段后，我忙不迭地找寻家中所藏《大唐西域记》，卷八中读到的文字令我千悲万慨：

> 如来寂灭之后，无忧王之初嗣位也，信受邪道，毁佛遗。兴发兵徒，躬临翦伐。根茎枝叶，分寸斩截，次西数十步而积聚焉。令事火婆罗门烧以祠天，烟焰未静，忽生两树。猛火之中，茂叶含翠，因而谓之灰菩提树。无忧王睹此悔过，以香乳溉余根，洎乎将旦，树生如本。王见灵怪，重深欣庆，躬修供养，乐以忘归。王妃素信外道，密遣使人夜分之后，重伐其树，无忧王旦将礼敬，惟见蘖株，深增悲慨。至诚祈请，香乳溉灌，不日还生。王深敬异，叠石周垣，其高十余尺，今犹见在。

在《佛光大辞典》第5208页，我看到这株历经苦难的菩提树迁移史：据巴利文大史及巴利文菩提树史记载，阿育王之女僧伽蜜多曾持此菩提树枝前往锡兰，植于首都阿罗城南之大眉伽林中。其后，当12世纪异教徒入侵印度时，菩提道场之本树惨遭摧残，遂又从锡兰移枝回菩提道场。又据元亨释书卷二载，南朝刘宋时，中印度僧求那跋陀罗曾携菩提树至中国广州栽植。

说到广州，就要提及著名的都市古刹六榕寺。我在观音殿前，看到一株菩提树，那是1974年，住持云峰长老有感于佛法沦翳，寓复兴之志而手植，而今本固枝荣，叶影婆娑，树下环设三合土回栏，信众多围坐憩息于此、仰望赞叹。诗人徐续《云峰大师手植菩提树》诗云：“幡影飘摇宝殿前，手栽一树入风烟。灵根远接王园寺，西竺菩提泛海年。”来寺游客信众，多喜静坐于菩提树荫下，望塔影巍巍，闻经声阵阵，云卷云舒，轻飔微拂，菩提树洒下的无上清凉，恰似于心头涤出一片虚空明净，念念无间，圆融通明，得大自在。

我再将视线投放到广东的潮州、汕头、汕尾，这里遍种的菩提树相传是南朝梁时僧智药自天竺移来，其菩提树籽，表面有大圈，其纹如月，细点如星，称为“星月菩提”，与佛陀成道的菩提树完全不同。

2018 年冬，朋友李雨思前往印度行旅，专门到佛陀成道的这株菩提树下瞻仰，她特意给我带了这株树上飘落的菩提叶，郑重地送给我。她说在这里只有佛陀涅槃当日，叶子才会全部掉落。

书写至此，突然想起 2018 年春节前夕，我坐滴滴顺风车自北京南下两千里探望父母，司机播放的一首歌曲就是《无悔菩提路》，12 个小时的路途，我估计至少听了 50 多遍，此曲自此成了我手机的保留曲目。喜悦时，听一听它；伤感时，品一品它，然后继续前行。

……

人活百年一把泪
菩提路上才无悔
宝贵的人身
千万可别浪费
放下那名利
笑眼看是非
……

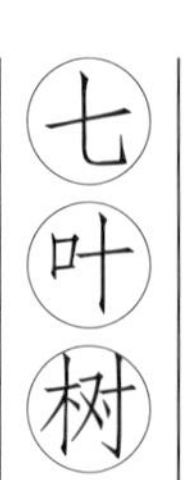

七叶树

木秀于林风必妒，自强不息是真韬

2018 年春节期间，与中学同学明勇驱车来到中国恐龙蛋的盛产地——河南省南阳市西峡县游览一番。路途中抬眼望外，看到一家七叶树种苗专业合作社，我当时就纳闷，这个与佛陀相关的热带树种在中国的温带也能种植吗？

七叶树音译为“萨多般罗那”“萨多般那求诃”，它分布于喜马拉雅山西部热带地方、印度阿萨姆、斯里兰卡南部、新加坡与越南等地。其叶作星状，多呈七片，故名“七叶树”，不过亦有三四片或十片以上者。其果如荚豆，细长下垂。

七叶树身材伟岸，果实含有大量的皂角苷，叫作七叶树素，是破坏红血球的有毒物质，但有的动物例如鹿和松鼠食用七叶树的果实却可抵御这种毒素。

七叶树在佛教世界是神圣之树，它肇源于佛经中“第一结集会场”——七叶窟，即因窟前有此大七叶树而得名。

1922 年出版的《佛学大辞典》，著者丁福保在第 110 页写下有关“七叶树”的解释：

> （地名）在王舍城之侧，有七叶树生于岩窟之上，故名。第一五百结集之窟也。毘婆尸佛经下曰：“王舍城七叶岩。”长阿含经七曰：“佛在罗阅城毘诃罗山七叶树窟。”

相传印度王舍城毗婆罗山中有一岩窟，为王舍城五大精舍之一。周围长满七叶树，所以又叫七叶树窟石室、刹帝山窟、车帝石室、七叶穴、七叶岩、七叶窟、七叶园。此处是佛祖释迦牟尼居住、讲经说法的精舍，也是佛祖涅槃后众弟子第一次结集、统一经法的地方，所以七叶树也被称作“佛树”。

佛教传入中国后，七叶树以其特有的条件和丰富的佛教文化底蕴，为寺庙等特殊场所渲染了神圣庄严的氛围。

2018 年夏，国务院新闻办的好友周畅陪我去北京植物园，他对七叶树说出了他的观感：“有些植物，仅是抖抖其叶，就能吸引目光。你看它的树干那么高大，叶子那么美，不需开花，就会令人记忆深刻。”

于我而言，英国作家夏洛蒂·博朗特的《简爱》写到的七叶树着实令我感慨，作者觉得七叶树是生命力极强的树，这棵树是她精神世界的支撑，她希望自己可以像它一样勇敢面对将来的一切。尤其是当七叶树在夜里遭雷击被劈去一半后，作者对受伤的七叶树作了细致的描写：

> 面前是横遭洗劫的七叶树，黑乎乎的已被撕裂，却依然站立着，树干正中一劈为二，可怕地张着大口。但裂开的两半并没有完全脱开，因为坚实的树墩和强壮的树根使底部仍然连接着。尽管生命的整体遭到了破坏——树汁已不再流动，两边的大树枝都已枯死，明年冬天的暴风雨一定会把裂开的一片或者两片都刮到地上，但它们可以说合起来是一棵树——虽已倒地，却完整无缺。
>
> 当简爱再次见到罗切斯特先生的时候，罗切斯特已经因为火灾，被烧伤了一只手臂，一只眼睛瞎了，另一只也只能看到微弱的光，他的腿也瘸了，他说：“我并不比桑菲尔德果园那棵遭雷击的老七叶树好多少。”没有过多久他说：“那些残枝，有什么权利吩咐一棵爆出新芽的忍冬以自己的鲜艳来掩盖它的腐朽呢？”
>
> 但是简爱却对罗切斯特说：“你不是残枝，先生——不是遭雷击的树。你碧绿而茁壮。不管你求不求，花草会在你的根周围长出来，因为它们乐于躲在你慷慨的树荫下。长大了它们会偎依着你，缠绕着你，因为你的力量给了它们可靠的支撑。”
>
> 罗切斯特此时失去了一切，但简爱仍然爱着他

啊！简爱决定留下来照顾罗切斯特。愿意做这一棵七叶树下的花草。

世间智慧的千夫与万命，做别人世界的花草有多少是主动，多少是被动使然?

智慧殿堂，将德修炼。

佛陀在娑罗树下圆寂，换句话说，娑罗树是佛陀涅槃的见证者，这是我探究此树的原动力。

娑罗树主要生长于印度及马来半岛等南亚热带雨林之中，在印度、中国、不丹、尼泊尔等地均有分布。它的树高可达30 ~ 35米，树干直径大约2 ~ 2.5米。

1922年出版的《佛学大辞典》，著者丁福保在第1718页简明扼要写下“娑罗树”的解释：

我国现存的古娑罗树，最著名的是杭州灵隐寺紫竹禅院的两棵，它们高达20多米，树粗近5米，为元末明初栽种。该院僧侣过去常把娑罗子赠给香客。娑罗树的俗称虽然是“七叶树”，但《辞源》的解释是“娑罗树”与“七叶树”完全不同，只是两种树的确很接近。

（植物）娑罗双树也。

娑罗双树实际上是娑罗树的并木，故谓之“双树”，后称为“娑罗双树”。今天，作为地名的“娑罗双树”早已成为佛教圣迹。

2020 年 2 月，在北京所居小区因疫情封闭的寂静之夜，我静静翻开《长阿含经》卷三，再翻开《涅槃经》后分卷上，都能看到这样的形象语句：“佛陀临入灭前，至北方拘尸那迦罗城娑罗双树间，头朝北而入涅槃。”

这句话的解释是，佛祖释迦牟尼是在古印度拘尸那迦罗城郊外的娑罗双树下圆寂的。为了纪念佛陀，为了表示对佛教的忠贞与虔诚，全球佛门弟子都几乎在寺庙中广泛种植娑罗树。

2020 年的五一假期，北京疫情渐渐好转后（2020 年 6 月 17 日转为二级严控），到京郊寿安山南麓郊游，拥有近 1400 年历史的著名佛教寺院——卧佛寺正坐其间，卧佛寺是坊间俗称。伫此回望元代的 1320 年，这座寺院开始了第一次扩建，此后明清两代，均予重修，迄今已 700 余年。北京人有句口头禅——“游卧佛寺，看娑罗树”，可见娑罗树在此寺的重要地位。

当我走进这座 2001 年就被评为“全国重点文物保护单位”的坐北朝南寺院，来到卧佛殿前，眼观这座铜制卧佛，长 5 米余，后立十二尊泥塑弟子像，意在表诠佛在“娑罗双树”下涅槃的情景。这尊卧佛造型浑厚朴实，充分表现元代铸造和雕塑技巧。

走到三世佛殿前，两株娑罗树分立两旁，这里的娑罗树，相传是建寺时所栽种，有说来自西域，有说由印度移来。山西五台山的一位藏族僧侣闹桑告诉我，娑罗树非常灵异，最奇异之处就是“不庇凡草，不止恶禽”。

5月的寺院，花朵开得像洁白的小玉塔，倒悬于枝叶间，煞是好看。它年年秋季结下的子如同橡栗，可以像菩提子一样做成念珠，也可砸碎下酒，治疗心绞痛。

在这里，看着铭牌的文字，我方知古娑罗树是存在的。而现在的另外一株，为后来补种的七叶树。

2020年1月初，北风呼啸，零下16摄氏度。与好友常德品第一次自金安桥乘坐西郊轻轨然后转公共汽车抵京西潭柘寺。雪后的潭柘寺清冷无比，寺外下塔院是历代高僧长眠的塔林，透过院墙，巍然屹立着两棵巨大古树，粗粗的树干鳞片斑斑，光秃秃地迎着肆虐的北风摇摆。

转眼4月，潭柘寺春色满园，一切都渐渐恢复了绿野生机，再次来到这两棵大树前，只见叶子呈手掌状，细数共七瓣。走进寺内来到毗卢阁殿南边，也就是古银杏“帝王树”和“配王树”南侧，同样有两棵这样的古树。在该寺的其他院落，如方丈院、流杯亭院、戒坛院等，还有十多株明清两代的古娑罗树。5月17日的潭柘寺，娑罗花已经盛开，一朵朵雪白的小宝塔形花絮环绕在树冠外围，满树洁白，分外绚丽，把深山古刹点缀得仙气十足。

在浙江普陀山旅行，我曾看到过一棵又一棵的娑罗树，当地人称这是变种的浙江七叶树，变种与原种的区别主要看叶子的样态：普陀山变种的小叶比较薄，背面呈绿色，间有白粉。

一次通电话，无意中讲到这个七叶树，家乡在秦岭南麓陕西安康的李伟伟兄告诉我，这种喜光的树他的家乡多得很，它不仅喜温暖而且耐严寒，树长得特别笔直，寿命也非常长，美中不足就是夏季这种树很容易被太阳晒伤。有机会到秦岭大山里面，能看到许多野生的七叶树，它的果实是球形或倒卵圆形，远看还像山楂果。他告诉我一个细节，那就是 2016 年 5 月，世界上现存唯一一株玄奘手植的娑罗树子树，经多年培育，已成功移植到西安大慈恩寺。

2018 年国庆期间，我到保定佛教寺院真觉禅寺大慈阁游览，该寺住持道悟法师和道安书院的学友胡明明兄引我来到一棵树前，说这就是北方的娑罗树，只见这株 20 余米高的树，树皮呈深褐色，还产生一种独特的芳香，果实也着实奇特。面对被佛教称之为“圣树”的娑罗树，我问这种果实是否能吃。他告诉我：“娑罗树的种子是可食用的，但如果摘下来就直接吃的话，味道比较苦涩，水煮后可食用，味道跟板栗差不多。它的木材因细密可制造各种器具，它的种子可作药用，还可制手工香皂或者佛教香料，它是集观叶、观花、观果于一体不可多得的树种。”

2016 年，一次到河南济源出差，参观虎岭关帝庙，就看到一棵巨大的古娑罗树，上面铭牌写道：此树高 18 米，胸围 4.65 米，唐代所植，距今已 1300 多年，有的林学家认为它是我国古娑罗树的“第一大寿星”。讲解员告诉我，在抗日战争时期，这棵珍贵的古树被日寇焚烧，幸好经当地群众奋力抢救，才免于毁灭。展现在我们眼前的依然是枝叶繁茂，年年开花结果……

周公吐哺，天下归心。

无忧树

当火焰团团，那是人生他她世界的幻影

一缕春风，绽开了无忧花。一抹桃红，潋滟了天地如画。耳边听着这样的唱词，心灵却已回到位于广州东北郊外的华南植物园。

那是一株圆球形、7 到 8 米高的大树，它的嫩叶似羽毛状的紫红色，叶柄看上去非常柔软，因无法支撑叶片重量，于是嫩叶呈垂状。叶子成熟后就会变成深绿色，开出的花朵又大又艳，仿佛是佛教僧侣身上的绛红色袈裟，这就是无忧树。

身处广州的无忧树，每年3到5月开花，那个场景，犹如火炬的金色花序覆盖了整个树冠，远眺仿佛一座金色宝塔。

在这株无忧树的铭牌上写道："该树是

认真细看无忧树的花朵，是四片花瓣，但这确是花萼，花瓣此际已退化，那新生的树叶松软地垂下，满眼火红色的世界。

1986 年 1 月 17 日民主柬埔寨主席诺罗敦·西哈努克亲王和其夫人莫尼克·西哈努克公主亲手所植。”

1986 年的柬埔寨，正是战火不断的岁月。西哈努克亲王当年种下的这株无忧树，是一种心灵寄托，祈望柬埔寨民众能过上无忧少虑的生活。

1922 年版《佛学大辞典》，著者丁福保在第 2192 页写下了“无忧树”的解释：

> （植物）梵名阿输迦 Aśoka，阿述迦。佛生于此树下。

“佛生于此树下”，这可是佛教世界最重要的开天辟地的大事。

2500 多年前，在古印度西北部，喜马拉雅山脚下（今尼泊尔境内），有一个迦毗罗卫王国。国王净饭王和王后摩耶婚后多年都没有生育，直到王后 45 岁时，一天夜晚，她梦见自己住在白银山中的黄金宫殿里，一头雪白的大象摘下一朵白莲花后瞬间冲进宫殿中，从右绕床三匝，从右肋钻进身体。之后，王后怀孕了！

按习俗，妇女头胎怀孕必须回娘家分娩。《过去现在因果经》中写下了当时的细节：“当摩耶夫人乘坐大象载的轿子回娘家生产的途中，满目青翠，流水潺潺，恰经过蓝毗尼花园的一棵无忧树下时，突感旅途疲乏，于是下轿到花园中休息。当她走到一株开满金黄色花的树下，举起右手，准备摘树干上的花朵时，引动了胎气，佛祖便从其右肋降生了，故此树称为‘无忧树’”。

无忧树亦被印度教称为圣树，如爱神卡玛手里拿的五支箭中，其中一支就是用无忧树枝做成，印度教民众相信此树能消除伤痛，因此称为“无忧树”。

在我国云南西双版纳傣族村寨，几乎都建有佛教寺庙，傣族民众信仰和崇拜无忧树，几乎每座寺庙周围都种无忧树。另外，西双版纳一些没有生育但想得子女的人家，也常常在房前屋后种植一株无忧树以求其愿。

在中文的世界，我最喜欢的以无忧树为主题的作品就是和谷先生发表在 1985 年第一期《人民文学》里的《无忧树》:

> 面对着它的时候，似乎不可以称它为一“棵”，而简直是一“座”树呢！没有枝条，树干就是它的全部。或者说，它的整个形象是一座巨大的根块。高约丈余，顶端残存的树茬子，如踞一只仰天长啸的猛虎。树身被镂空了，薄处有拳头大的孔可以望穿。东边看去，呈塔状，雄沉遒劲；西边望去，却如一片立着的瓦，支起古树的仅是一片树皮而已。没有浑圆的年轮，构成它的肌体的，完全是结疤累累的根块与屡经刀斧砍伐的枝条扭结而成。如盘龙，如巉崖，如铜，如铁，如陨石，可以幻出千奇百怪的各色形象来。

如此缜密的观察，每每读来令思想身不由己地从树的遭遇转换到对人生的唏嘘，因为谁的人生不是在他她世界中充满了各种各样的幻影?

冷官门户日萧条，亲旧音书半寂寥。
惟有太原张县令，年年专遣送蒲桃。

这首诗所写的蒲桃，被我很长时间误解为葡萄的谐音，后来有朋友还煞有介事地告诉我说，这种水果其实是阳桃。

其实，我们都错了。

蒲桃在不同的地域叫法不同，有的叫“水蒲桃”，有的叫“香果”，有的叫“响鼓”，

古印度把地球称为“阎浮提”，球面长满“阎浮提”树林，“阎浮树”因此而得名，阎浮树又音译为谵浮树、赡部树、剡浮树、染部树、潜谟树，其叶脉细密。南本《涅槃经》卷九记载：阎浮树一年三变，有时生花，光色敷荣；有时生叶，滋茂蓊郁；有时凋落，状似枯死。

还有的叫更好听的名字——“铃铛果”。于我而言，人生中第一次吃蒲桃是在台北南港“中央研究院”附近的一间槟榔店，台北人管蒲桃叫“香果”。

既然是第一次吃，记忆一定是深刻的，甚至是庄重的。在槟榔妹的指导下，将手用力地摇晃香果，它会发出一些轻微的响声，用手试着轻轻挤压，还会听见它爆裂的声响。

眼前这只成熟的香果，颜色偏黄，一口咬下去，里面几乎是空心的，仅有一至两粒籽，果肉吃起来有些脆甜，但口感不是非常好，因为水分很少，只不过在吃的过程中，一股浓郁的香气始终充斥鼻前。

槟榔店的小桌上，有两张过塑的香果照片，一张是它呈淡黄色的开花照，仔细看花蕾里还有一些细小的“茸毛”；一张是它的花谢照，认真端详果实有点像灯笼或铃铛。照片下有三行香果的地理标志简介：香果主要分布在印度及东南亚，叶长 4 至 5 寸，叶面颇平滑，落叶期极短，不间断长新叶；香果花是聚散花，香果的果是紫色浆果，糖度 11.9%；香果枝干色稍白，木皮可作褐色染料。最后写道：本店有香果果干、蜜饯、果汁等出售。

但香果作为佛教世界的植物，是我和中国台湾高雄佛光山人间佛教研究院的知泉法师在 2019 年 8 月参加会议的间隙闲聊所得知。她很认真地告诉我：“香果是梵语即阎浮，它原产印度，佛光山本山 4、5 月间开花，近葡萄香味，可供食用及药用，为古印度重要药材，在糖尿病药物发明前为治疗糖尿病的药物。”

为了得到更权威的解读，自台北返回北京后，翻开 1922 年版《佛学大辞典》，著者丁福保在第 2674 页写下了对“阎浮树”的解释：

> （植物）印度所产之乔木。虽为落叶植物，而其期极短，新叶相继而出。其叶为对生叶，叶端尖。四五月顷开花，为淡黄白色，形微小。果，最初为黄白色，渐渐变为橙赤紫色，及熟，则带黑色而为深紫色。形及大，略似雀卵。其味涩，少带酸而甘。

《佛光大辞典》在第 6337 页上呈现出另一个视角：

> 依大智度论卷三十五载，印度为阎浮树茂盛之地，故得阎浮提之名；又流于此树林间之诸河多含沙金，故称为阎浮檀金。此外，起世因本经、立世阿毘昙论卷一南剡浮提品等皆说有“阎浮大树王”，此树枝干高广，树叶厚密，能遮避风雨，果实甘美无比；或系印度人想像中之理想树。

这株“阎浮大树王”引起我无限的想象，想象着少年佛陀在这株大树下冥想的场景，想象着它巨大的树荫在雨季竟然不漏湿的场景，想象着炎炎烈日下它给人清凉的场景，《立世阿毗昙论》卷一《南阎浮提品》完全印证了我的三重想象：“有树名曰剡浮，因树立名……枝叶相覆，密厚多叶，久住不凋，一切风雨不能侵入……”

当风风雨雨横扫每一个人的身与心之后，理想是随“时”而变，还是执着挺立？

大智不彰，内圣外王。

花类篇

何处最花多

花类篇引言

每一朵花都有它的使命。

在佛教世界里，花是庄严之相，更被赋予种种譬喻：如大白莲花，清净无垢染，喻佛陀的大悲与清净。经中一切妙法，如般若波罗蜜花、妙觉花、光明花，都化作种种妙花供养佛陀。

莲花出污泥而不染，譬喻佛法在世间的纯洁无瑕，坐在莲花座上的佛陀，缘何钟爱莲花？那是因为它参透佛教的本质。

当太阳跃出地平线，阿卢那花绽放时，火焰究竟怎样瞬间化红莲？面对彼岸之花，我们静止无声，因为无论爱恨情仇，相惜相念终相失。

面对人间的最妙好花——俱苏摩，有谁愿意真心聆听自己明净而美妙的内心？

能够近观一朵昙花的苏醒，那将是一件多么奢侈的事情，因为刹那间，万籁静息的时空隧道，它轻轻一献，然后轻轻离开。人生何尝不是如此往复？

在这世界的群众运动的中间，历史上残余的东西，什么皇帝咧，贵族咧，军阀咧，官僚咧，军国主义咧，资本主义咧——凡可以阻止新运动的前进之路的，必挟雷霆万钧的力量摧拉他们。他们遇见这种不可挡的潮流，都像枯黄的树叶遇见凛冽的秋风一般，一个一个地飞落在地。由今以后，到处可见的，都是 Bolshevism[①] 战胜的旗。到处所闻的，都是 Bolshevism 的凯歌的声。人道的警钟响了！自由的曙光现了！试看将来的环球，必是赤旗的世界！

① 指布尔什维克主义。

这是中国共产党主要创始人之一的李大钊（1889—1927年）1918年留给我们的文字——《Bolshevism的胜利》，他的文字中使用的“赤旗”令我记忆深刻。当时的疑问就是为什么不说红旗而说赤旗？后来才明白，新文化和旧文化的交替变革中，古老的词语改变需要一个漫长的过程。

1922年版《佛学大辞典》，著者丁福保在第1444页写下了“阿卢那花”的解释：

> （植物）花名。慧苑音义上曰：“阿卢那，此日欲出时，红赤之相，其花似彼，故用彼名之。谓即红莲花也。”

五四运动之后不到三年，《佛学大辞典》面世，它使用了“红赤”的字样，从中可以看出词语“赤—红赤—红”的变化。

返回到佛教世界，阿卢那花源于梵语阿卢那，它在诸多佛典中又被汉译为阿留那、阿楼那，意译是日、将晓、明相，它是“红”的形容词，因日出时东方的天空发红，故以日将出时的红赤之相，比喻其花的颜色，阿卢那花被称为“红莲花”也就不足为奇了。

翻阅《慧苑音义》卷和《翻译名义集》卷，可以发现在印度，同名为“阿卢那”的植物有四种：

（一）学名，可为药品，树皮可作染料用；

（二）学名，可作药用；

（三）草名，半赤半黑，其果实如豆粒大小，甚美；

（四）学名，Colocynth 之树。

书写至此，我的脑海中满是“红日”景象，当我们在中学的课堂上迎着朝阳齐声背诵中国近代思想家、“戊戌变法”领袖梁启超（1873—1929 年）先生的《少年中国说》时，想象着自己何尝不是初升的太阳呢？

红日初升，其道大光；河出伏流，一泻汪洋。潜龙腾渊，鳞爪飞扬；乳虎啸谷，百兽震惶；鹰隼试翼，风尘翕张。奇花初胎，矞矞皇皇；干将发硎，有作其芒。天戴其苍，地履其黄，纵有千古，横有八荒，前途似海，来日方长。

美哉我少年中国，与天不老！

壮哉我中国少年，与国无疆！

同样在大学的课堂中，时常能听到已是花白头发的马克思主义教研室教授的讲述，讲述中华人民共和国主要缔造者毛泽东（1893—1976 年）1957 年对青年人所寄予的希望：

世界是你们的，也是我们的，但是归根结底是你们的。你们青年人朝气蓬勃，正在兴旺时期，好像早晨八九点钟的太阳。希望寄托在你们身上。

激流漂石，信仁勇严。

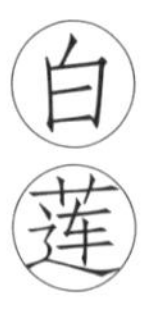

花开香远处，通体慈悲何人觉波明？

位于珠江之尾闾的澳门，当时正值回归祖国 20 周年之际，朋友自澳门给我邮寄了一张澳门明信片，上面印着回归后的澳门徽志——一朵素雅的白莲花。

这枚徽志中的白莲花，与澳门古称“莲岛”，旧称“莲花地”“莲花茎”“莲峰山”相缘，三个花瓣则表示澳门由澳门半岛和氹仔、路环两附属岛屿组成，底色象征和平与安宁，寓意澳门四周是中国领海……

好一朵美丽的白莲。

在莲花的世界里，白色似乎是最圣洁的颜色，当秋风乍起，我和浙江农林大学

《现代汉语词典》第 7 版 25 页，对“白莲教”的解释道：一种民间宗教，因依托佛教的一个宗派白莲宗而得名。元、明、清三代在民间流行，农民军往往借白莲教的名义起事。

钟宇海博士行走在杭州西湖之边，那一幕幕化出白莲千叶花的美景始终印刻在心底。

在 1922 年出版的丁福保著《佛学大辞典》中，白莲的梵名为分陀利或芬陀利，此曰白莲华。白莲华也称为奔荼利花、白莲花，白莲花白如雪色，它在黄色花蕊的对映下，更显莲花的高洁。唐诗“无情有恨何人觉，月晓风清欲堕时”流传至今，让我们看到雪白的莲花本应生长在昆仑山顶的瑶池里，可是她来到人间生长，受到那些艳丽的花欺凌。但她行将败落时，也还要选择月晓风清的夜晚。

白莲不为世俗所污，令我辈为白莲打抱不平。脑海突然想到：白莲和白莲教有什么关系？我不知道，但我隐隐感受到白莲教与佛教世界应该有一定的关联。这种秘密结社的半僧半俗组织最初就是以佛教为聚义，从唐代走到了清代，“白莲下凡，万民翻身”成了行动的指针。

离主题有些远了，再回到佛教世界中，“曼陀罗”的本意是“聚集”，是圣贤们聚首之地，它在梵文世界是“坛城”之意。“摩诃曼陀罗华”就是小白莲花和大白莲花之意。

爱莲实乃清廉，当香远益清，亭亭净植，同予者何人？

书写至此，我总觉得，白莲花似冰清玉洁的雪莲，它一定能释香到天涯。

天地之大，回音在路上。

无论爱恨情仇，相惜相念终相失

我站在海角天涯
听见土壤萌芽
等待昙花再开
把芬芳留给年华
彼岸没有灯塔
我依然张望着
……

2001 年，我在广州工作，那时的广州是中国流行音乐的中心。在广州沙河附近的中唱广州公司旁，一家音像店飘出《彼

《现代汉语词典》第 7 版 68 页，对“彼岸”解释道：佛教指超脱生死的境界（涅槃）。

岸花》这首歌时，20多岁的我仅仅听到“把芬芳留给年华”这一句，就被这歌词彻底俘虏，但从今天的角度来看，我当时并没有真正理解这首歌词的含义。

红色彼岸花有美丽的蜘蛛形红色花朵。红花向外翻卷，雄蕊及花柱伸出，姿态秀丽，花期7至9月。性喜阴湿环境，怕强光直射，宜生长于疏松肥沃的沙壤土中。

2016年初，已在北京多年的我在朝阳区常营的一家电影院看了电影《寻龙诀》，这部电影竟以彼岸花为线索，并将彼岸花作为死亡世界的奇幻标志。在这部电影中，彼岸花成了罪恶与死亡的象征，不断的镜头特写强化彼岸花就生长在坟头上，它就是“黄泉路上的花”。

可以说，到了这个时候，我依然不了解彼岸花究竟是什么。

从事宗教心理学的研究后，彼岸花走进了我的学术视野。在佛教经典中，彼岸花被称为摩诃曼珠沙华。曼珠沙华为佛教四种天华之一，原意是天上之花，大大的红花。曼珠沙华在秋天开出深红色的花，叶有如细小的水仙，深绿色而有光泽，叶质较柔软。曼珠沙华在佛经中常可见其踪影。

1922年出版的《佛学大辞典》，著者丁福保在第2578页上言简意赅地写道：

> （植物）梵音Mahāmañjūsaka，译曰大柔软，大赤团花。天华名。

在佛教典籍中，“华”就是“花”。再看《光宅法华义疏二》——摩诃曼珠沙华者，译为大赤团华。《法华经·序品》里的叙述更给我身临其境之感：

佛说此经已结跏趺坐入于无量义处三昧，身心不动。是时天雨曼陀罗华、摩诃曼陀罗华（曼陀罗华与曼陀罗不同）、曼珠沙华、摩诃曼珠沙华，而散佛上，及诸大众。

上述四种花分别是白花、大白花、赤花、大赤花。彼岸花的外貌是这样的：有叶时绝无花，有花时绝无叶，花叶两不相见，生生相错。彼岸花到了民间，本意就成了生死两界、阴阳相隔。

从植物学的角度来看，摩诃曼珠沙华属多年生草本植物，花朵呈伞形，一般有花四五六朵，于夏秋两季鲜红怒放。每到开花季，彼岸花呈一片一片的火红色，像鲜血一样红。它的球根具毒性，压碎球根用水洗净后晒干即可去毒。球根的汉语名称是石蒜，通常作为治疗赤痢或祛痰剂使用。

摩诃曼珠沙华的相关记载最早见于唐代，它被称作“无义草”“龙爪花”，由于花和叶子不能见面的特性，还被民间俗称“无情无义”之花。与之相伴的是民间传说越来越多，如被称为“引魂花”“冥界唯一花”。由于它生长的地方大多在田间小道、河边步道和墓地丛林，与埋葬死者的地方有所牵连，甚至还被称为“死人花”……春分前后三天称为“春彼岸”，秋分前后三天称为“秋彼岸”。相传此花只开于黄泉，是黄泉路上唯一的风景。

翻开2018年第4期《文史杂志》第128页，我看到刘雄先生的《水龙吟·彼岸花》，他的诗歌加深了我对佛教中彼岸花的理解：

曾是天华，竟成漂泊，世尊应叹。
向书窗种了，残膏犹爇，伴清夜，囊萤免。
闻道黄泉路远。有情痴，独开谁管。
红酣成阵，云霞错认，三途川畔。
明月前身，金钿后约，不随轮转。
甚人间一梦，繁华易歇，问真耶幻。

我忽然就明白了，因为咫尺就这样告别了天涯。

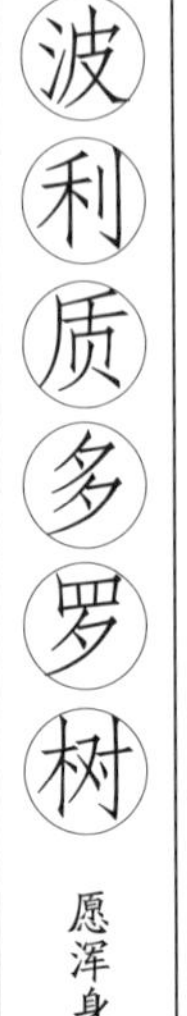

最早遇到波利质多罗树这个不太好记的树种，是佛光祖庭宜兴大觉寺“佛教经典研习班”的学友辽宁大学何莊告诉我说，这个树是佛陀世界的“树王”，于是一下子记住了。

2016年冬，趁在天主教辅仁大学访学的机会，到台北济南路二段的华严专宗学院参加一次学术研讨会，当地学者发表论文时一口一个“树王”，认真聆听后，才发现他口中的“树王”是菩提树。难道我的

波利质多罗树，其根入地，深五由旬，枝叶四布，叶熟则黄，黄必堕落，落必变色，变必生疱，疱必生觜，觜必开剖。开剖之时，香气周遍，光明普照，人见人爱，心生欢喜。

认知是错误的吗?

事实上，我和这位学者都没说错。这个“树王”本身就是二说均可。为了写波利质多罗树，我认真查询相关的佛学史料。它在汉译世界中多被意译为香遍树、昼度树、圆生树。

《法华义疏》卷一：“树王，波利质多罗树。”这里要多说两句，“波利”为全部、遍布，“质多罗”为庄严之相。佛陀曾以波利质多罗树生长的状态来遍喻弟子，也就是佛陀说法，始末均以“假如说”来比喻。如：叶黄，比喻欲出家；叶落，比喻剃须发。

这里解释一下“遍喻”的含义，它也被称为“全喻”。佛陀说法，从始至终，皆以借喻彰显其理。

1922 年版《佛学大辞典》，著者丁福保在第 1531 页写下“波利质多罗树”的解释：

> （植物）Paricitra，又曰波利质罗，波疑质姤。具名波利耶怛罗拘陀罗……译言香遍树，又称曰天树王……谓此树枝叶实一切皆香，故立此名。

作为梵语的波利质多罗树，我更喜欢它的意译“圆生”。我在从事“蒋介石宗教思想研究”中，发现他最喜欢去的地方是他家乡奉化雪窦山的妙高台，而妙高是佛教世界的须弥山。1949 年初的蒋介石在妙高台宣告第三次下野，在家乡逗留了三个月零三天，妙高台事实上成了他幕后指挥的大本营，一度取代南京总统府，成为当时国民党临时政治和军事中心。

《华严经疏》卷十七载，佛陀说《华严经》时，以自力升此山顶说法，在此有十喻，其中第八喻即“生果妙”，谓此山有波利质多罗树，能利益天众而生妙果。

日僧存觉的《报恩记》记载道，佛陀为报母恩，在农历四月十五日至七月十五日间，于欢喜苑中波利质多罗树下安居说法，此即佛说报恩经之由来。

波利质多罗树浑身散发香气，即使是含苞待放的花骨朵，其香气也超越所有花。

运用之妙，存乎一心。

荷叶生时春恨生，荷叶枯时秋恨成。
深知身在情长在，怅望江头江水声。

这首李义山（813—858年）的《暮秋独游曲江》，被我带到了陕西西安的曲江新区，身处大唐芙蓉园的一处莲池，将自己回放到唐代的某年暮秋，与作者一起壮怀激烈，笑看过往。

在长安东部不远的洛阳，荷花同样在这里盛开。在隋唐城遗址植物园，好友李向鑫在夏日的清晨拍下了荷花的千姿百态，他在朋友圈写下南宋杨万里（1127—1206年）的诗句："接天莲叶无穷碧，映日荷花别样红。"

2019年春，受河北保定佛教协会会长上真下广大和尚的邀请，为"莲池讲坛"的听众做一场《找寻拉萨的前世今生》讲座。他告诉我，佛教世界里的莲池就是荷花池，因此莲花就是荷花。在《诗经》中，如"灼灼芙蕖""菡萏盈渠"，说的全都是荷花，荷花也被称为"芙蕖""芙蓉""菡萏"。

那"荷叶团团"会不会就是佛教禅林语言？讲座主持人胡明明居士面对我的提问，说道：团团就是圆形，圆如荷叶之意。荷花之叶如月圆，在禅林中引申为彻底圆满之意。在《五灯会元》卷里就有“荷叶团团团似镜，菱角尖尖尖似锥”的描述。

听完他的解释，眼前立现出小荷尖尖与蜻蜓立上的画面。

当佛教北传到中国后，我们才知印度崇尚莲花更是炉火纯青，莲花在佛教世界里被赋予了新的意义。

佛陀释迦牟尼出生时就伴有莲花，转法轮时的座位名为“莲花座”，相应的坐势就叫“莲花坐势”。在今天印度那烂陀的佛教遗址中，可以随处看到大量的莲花图。

工作以后，有时候会思考佛教世界为什么会选中

“茫茫山几重，不日再相逢。骤雨打莲叶，思君情更浓。”这是广州六榕寺“六榕俳林”王导居士在2020年6月6日发出“莲开六榕，重逢可期”的“视频号”信息，提醒公众六榕寺按照统一部署仍暂停开放，但恢复开放已可以期待。2003年上海辞书出版社出版的《辞海》彩图音序珍藏本第822页，“荷花生日”的解释是：古时江南风俗，以夏历六月二十四日为“荷花生日”。顾禄《清嘉录·荷花荡》：“沈朝初《忆江南》词云：‘苏州好，廿四赏荷花。黄石彩桥停画鹢，水精冰窨劈西瓜，痛饮对流霞。’”

莲花作为自己的象征?“予独爱莲之出淤泥而不染，濯清涟而不妖,中通外直,不蔓不枝,香远益清,亭亭净植,可远观而不可亵玩焉……”这是我的中学时代被老师要求背诵得滚瓜烂熟的《爱莲说》，不为污泥所染的那种高贵精神对当时的我来说只在电视剧中才能触目所见。

莲花遇到佛教后，因为佛教教义认为世间充满瑕疵，于是开示人们要去追求智慧和觉悟，达到解脱的彼岸。

自保定“莲池讲坛”回到北京常营后，我认认真真翻找关于荷花的植物史。它是睡莲科莲属，多年生草本，地下茎肥大而长，生于淤泥中，叶大而圆，有节，即藕，花托呈倒圆锥形，即莲蓬，果实内藏于莲蓬，呈暗黑色……

1922 年丁福保著《佛学大辞典》，对“莲”的解释极其简明:

> （植物）弥陀之净土，以莲华为所居，故指净土曰莲。

在北京朝阳常营地铁站附近，每到夏季，偶尔会有人进城售卖新鲜的莲蓬，在购买的同时，也向他讨教不为我所了解的知识:每天早晨 6 点半到 7 点左右，会是荷花一天中开放的最佳时刻，到上午 10 点前后，荷花就会慢慢关上。荷花第一天开放时会先打开一部分花苞，第二天才会全部打开，因此，第二天早晨欣赏开放的荷花是最好的。一般来说，一朵荷花开花的时间不超过一周，从第三天就开始走下坡路了。荷花开到后期，用手指轻轻一碰，花瓣就会全部掉光。

这就是生活中观察的力量。

这种观察，在作家叶圣陶（1894—1988年）的笔下，荷花呈现出一种别样的细节：

> 荷叶挨挨挤挤的，像一个个碧绿的大圆盘，白荷花在这些大圆盘之间冒出来。有的才展开两三片花瓣儿。有的花瓣儿全都展开了，露出嫩黄色的小莲蓬。有的还是花骨朵儿，看起来饱胀得马上要破裂似的。
>
> 这么多的白荷花，一朵有一朵的姿势。看看这一朵，很美；看看那一朵，也很美。如果把眼前的一池荷花看作一大幅活的画，那画家的本领可真了不起。
>
> 我忽然觉得自己仿佛就是一朵荷花，穿着雪白的衣裳，站在阳光里。一阵微风吹过来，我就翩翩起舞，雪白的衣裳随风飘动。不光是我一朵，一池的荷花都在舞蹈。风过了，我停止了舞蹈，静静地站在那儿。蜻蜓飞过来，告诉我清早飞行的快乐。小鱼在脚下游过，告诉我昨夜做的好梦……

美文所能传递的圣洁，不仅装扮世间的外表，更打磨内心的纯粹。

原谅我孤陋寡闻，对“俱苏摩”三字在阅读佛教经典时总是本能地跳过，为了写好这篇小文，查阅了多种资料比对，并得到了初步的常识。

关于俱苏摩，有多种说法，为了化繁为简，我姑且斗胆通俗地解释一下：它是菊花类植物，茎上有很多枝条，秋天时会开花，花朵是黄色的，外围之花为舌状花冠，盛开的时候很美。更神奇的是，印度人拿俱苏摩来榨油，做成香油。

可以说，俱苏摩不仅是佛教里的人间妙好花，更是一个人得到福报的代名词——犹如俱苏摩，我的理解就是用来比喻学习

人间好花千千万，不同的花有时会有同样的心境。

佛教经典之人的身体美妙而明净！

查阅《圣观自在菩萨一百八名经》中说："一时，佛在补怛洛迦山圣观自在菩萨宫……苏罗鼻香檀沉水，俱苏摩华柔软适意，妙色芬芳处处严饰。"因此，俱苏摩花也常作为修法之用。

在《大乘集菩萨学论》卷二十一中，以广大缯盖来布施佛塔者，美好如同俱苏摩花开敷相间装饰："以广大缯盖，持以施佛塔，是人不久，得具三十二相，常出妙光明，无比难思议，其光常晃耀，莹彻若金河，犹俱苏摩花，开敷相间饰。"

在《底哩三昧耶不动尊威怒王使者念诵法》中，将取"俱苏摩花"燃烧，并诵真言十万遍，即可得药叉女来，所求皆得，又取曼陀罗花，称念修法的人之名字加持，则会令其心慌乱。又取盐加持而烧，即可感得天女来其住所，随所遣使。又加持安悉香烧者，则可使国王与大臣忆念。

1922年版《佛学大辞典》，著者丁福保在第1778页详细对"俱苏摩"作了阐释：

> （植物）Kusuma，又作拘苏摩。译为花。

《佛光大辞典》第4037页摘录了《慧琳经音义》卷二十二和《翻译名义集》卷八中的解释：

> 花之音译，或专指具苏摩花。具苏摩花大如小钱，色甚鲜白，由多数细叶圆集而成，状似白菊花。

又具苏摩花有悦意花之义，因其花色美而香，形状端正，见闻者无不悦意。

合上辞典，俱苏摩就这样走进了我的记忆中，我把上面的话送给各位，希望看到文字的朋友在人生旅途中形状端正，见闻者无不悦意。

这才是写作俱苏摩的终极目的。

君陀花

只见风中，开满了一朵朵白色的小茉莉

小的时候，家在东北，母亲精心地养护着一盆茉莉花，一边养护一边还自言自语养护知识：茉莉喜湿又怕水涝，所以栽培茉莉的土一定要以疏松透气为要务。对邻居上门的求教，她总是不厌其烦地讲授秘笈：茉莉花上盆前，可以在花盆底儿添加一些有机肥，这样植株会看上去更加健美。茉莉特别怕旱，在夏季时，每天早晚各要浇一次水，盛夏更要给茉莉叶上喷水，但绝对不要喷到花朵上，否则会掉蕾。

白色的茉莉就这样含蓄地开着小朵的花，我总是惦念着它的芳香，总是用鼻子使劲地闻着，然后告诉妈妈，真香、真香、

每每聆听《好一朵美丽的茉莉花》的小提琴音，总能想起广州云台花园的瑞典小木屋，因为在 1999 年，小木屋揭幕礼上，瑞典音乐人演奏的就是这首曲目。

真香啊……我想这就是童年的快乐和满足吧。

商业化在大都市无处不在后，一次路过一个进口品牌香水精油店，只见服务员在门前大声宣传：这是本店新进的香水，1 吨茉莉花只能提取 1 升茉莉花精油……

多年之后，我才知道俗称的白茉莉花是原产印度的植物，确切地说是佛教世界的君陀花。

1922 年版《佛学大辞典》第 1117 页，著者丁福保对“君陀”作了如下解释：

> （植物）Kunda，花名。大日经疏十二曰：“君陀花，是西方花也，鲜白无比也。”

再翻阅《佛光大辞典》第 3957 页，君陀花在这里被称为“军那花”：

> 军那，梵语 kunda。又作君陀花、裙那花。产于印度之植物，开白色花，称白茉莉花，每为密教供养之用。大日经疏卷五（大三九・六三二上）：“如军那花，其花出西方，亦甚鲜白。”

夏日午后的北京，懒洋洋的，提不起精神，选一曲萨克斯音乐《亲亲茉莉花》，李丹阳的声音就这样飘满坊间：“古老的东方有个少女，名字就叫茉莉花，伴着你的清香、你的甜蜜，我走遍了天涯……”

是的，向着阳光开出芳香，谁也香不过它。

一夜吹香后，天空飘落下的花雨

曼陀罗又称“漫陀罗”，在汉译佛经文献中经常被译为圆华、白团华、适意华、悦意华、杂色华、柔软华、天妙华等。其花为曼陀罗花。

在印度创世神话中，天神和阿修罗们曾在乳海里创造曼陀罗山，希望搅拌后获得甘露，这时长出了曼陀罗花和其他种种东西。此树的成长迅速，材质并不细密，但轻巧，可供手工或木雕。

《法华经》里佛说法时，天上飘落的曼陀罗花雨和佛祖拈花微笑的花，都是曼陀罗花。天雨曼陀罗花，翻译名义：曼陀罗，

《现代汉语词典》第7版876页，曼陀罗的解释是：一年生草本植物，叶子卵形，花白色，花冠像喇叭，结蒴果，表面多刺。全株有毒，花、叶、种子可入药。

此云适意，又云白华。结蒴果，蒴果之意是内含许多种子，成熟后裂开，如芝麻、百合、凤仙花等。

在佛音译述、悟醒译《一切善见律注序》第一卷，我看到这样的场景："尔时，世尊在毘兰若那邻罗宾洲曼陀罗树下宣说因缘……"

关于曼陀罗，我在佛教经典《四分律》第一卷、《增支部经典》第八卷、《大般涅槃经》第三十四卷中，均看到关于曼陀罗树的身影，有的住在曼陀罗树下，有的饶储天女众……

吉藏《法华义疏》卷二中记载："天华名也，中国亦有之，其色似赤而黄，如青而紫，如绿而红，大曼陀罗花者大如意华。"

玄奘译《称赞净土经》中，则以曼陀罗花为上妙天华。

1922年版的《佛学大辞典》，著者丁福保在第1911页作了详尽解释：

> 曼陀罗为一年生草，茎直上，高四五尺，叶作卵形，常有缺刻。夏日开大紫花，有漏斗形之合瓣花冠，边缘五裂，实为裂果，面生多刺，性有毒，以其叶杂烟草中同吸，能止咳嗽，过量则能致死。本草，曼陀罗花。一名风茄儿，一名山茄子，生北土。

曼陀罗为双子叶植物纲管状花目茄科曼陀罗属植物，花期6至10月，果期7至11月。它是单叶，呈广卵形，前端渐尖，边缘有不规则波状分裂，上面暗绿色，下面淡绿色。果实表面多刺。

曼陀罗花成熟时由深绿色变为淡褐色，不仅可作麻醉剂、镇静剂，还可用于治疗疾病。其叶、花、籽均可入药，味辛性温，有大毒。花能去风湿，止喘定痛，可治惊痫和寒哮，煎汤洗治诸风顽痹及寒湿脚气。花瓣的镇痛作用尤佳，可治神经痛等。叶和籽可用于镇咳镇痛。

事实上，曼陀罗花是美丽却有大毒的花卉，曼陀罗全身均有毒性，果实特别是种子毒性最大，嫩叶次之，干叶的毒性比鲜叶小。如果不小心曼陀罗中毒，半小时内就能出现症状，最迟不超过 3 小时，症状多在 24 小时内消失或基本消失，严重者在 24 小时后出现晕睡、痉挛、紫绀，最后晕迷死亡。

自知者明，信盖天下。

茉莉

当露华通身白，等待的是至暮尤香

行走八方云集的佛殿之上，有心人常常会发现红色的、白色的、黄色的茉莉花身影。实际上，茉莉花又称为“摩利迦花”，常绿小灌木或藤本状灌木。

茉莉花原产印度，早在汉代已由西亚传入我国，初时作为药用和观赏植物栽培。印度尼赫鲁大学高适博士告诉我：“印度人非常喜欢种植香味极强的花木。茉莉花就是其中之一。在我们印度妇女的发饰，日常敬献天神、佛陀的供花以及在婚礼中，都是不可缺少的物品。在印度街角花店及寺院，经常可见用线串联尚未全开的茉莉

《现代汉语词典》第7版922页，茉莉的解释是：常绿灌木，叶子卵形或椭圆形，有光泽，花白色，香气浓。供观赏，花可用来窨制茶叶，根、叶可入药。

花出售。”茉莉除了花朵可以串成洁白可爱的华发外，其具有浓郁香味的小花，也常被用来制成香油或香水，而将花晒干后混在茶叶里的就是素馨茶。

宋代诗人苏轼（1037—1101 年）有“暗香着人簪茉莉，红潮登颊醉槟榔”的诗句，可见茉莉花在宋代已广为栽培。据宋代《闽广茉莉说》中记载：“闽广多异花，悉清芬郁烈，茉莉为众花之冠。岭外人或云抹丽，谓能掩众花也，至暮则尤香。”

1922 年出版的《佛学大辞典》，作者丁福保在第 2564 页摘录了关于“摩利迦”的解释：

（植物）花名。译曰次第花。

一般茉莉花树高约 1 至 2 米，属低矮灌木，叶多，有光泽，形状为大卵形，对生。花呈白色，有九瓣花瓣，具香气，有一重、二重、八重的异变花瓣，属于有蔓的素馨属植物，蔓藤会缠绕在其他树上。

在 1990 年代末期，广州白云山云台花园迎来了瑞典小木屋的展示，在开幕的现场，瑞典人用小提琴演奏了《好一朵美丽的茉莉花》，这是一首在中国传唱了几百年的扬州小调。印象最深刻的是，1997 年 6 月 30 日午夜，香港回归祖国的交接仪式上，在中英两国领导人出场前，两国军乐队各奏三首乐曲，中国军乐队演奏的第一首乐曲就是《好一朵美丽的茉莉花》，芬芳美丽满枝丫，又香又白人人夸……

从音乐声中回过神来，翻看慧琳音义二十六中，可知“摩利迦”还为人名，即“夫人”之意，常译为胜鬘。说到此，就要说一句题外话，在佛教经典中佛陀与舍卫国波斯匿王之夫人——茉莉夫人展开的对话，其名即与茉莉花有密切关系。

据《有部毗奈耶杂事》卷七所说，茉莉夫人，幼时名为明月。父为摩纳婆，母为婆罗门种。在其父往生后，沦落为摩诃男的婢女，曾受命到园林采花结鬘，摩诃男看见她结的华鬘非常美丽，十分欢喜，于是就命她住在花园中，每日结华鬘。因此又名“胜鬘”。但是《胜鬘经》所说的胜鬘夫人，则是茉莉夫人之女。

后来茉莉因为以饭食供养佛陀的功德，而得脱离婢女之身，成为侨萨罗国胜光王的夫人，生有恶生太子，即后来毁灭释迦族的琉璃王。

2018年，受托编辑一部《奋斗者足迹》的不公开书稿，这位长者送我一盆正在开放的白色茉莉，让我想起姚秦三藏佛陀耶舍共竺佛念译、大唐西太原寺沙门怀素集、释佛莹编《家中四分比丘尼戒本注解》下册载：“因从茉莉园中来，故称为茉莉夫人。”

这盆正开放的白色茉莉，它的寓意——这是一盆友谊之花。

仁能聚力，目不转瞬。

牡丹

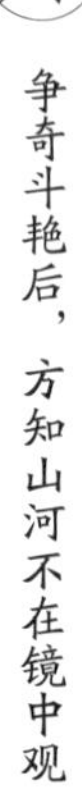

1998 年 4 月，受河南省洛阳市人民政府的邀请，我和“粤看中原”摄制组从广州乘坐中原航空的班机前往洛阳，开启精心策划的“牡丹之旅”。这次旅行，是我迄今为止了解牡丹世界的最顶峰。

翻开已经泛黄的“洛阳牡丹基因库”采访本，往事历历如昨。看着花朵肥硕、色泽鲜艳、气味芳香的牡丹，工作人员告诉我，牡丹原产中国，也叫“杜丹”“鹿韭”“鼠姑”“百两金”“木芍药”“牡丹花”“富贵花”“一捻红”等等，它是多年生落叶灌木，羽状复叶，

牡丹是中国特有的木本名贵花卉，有数千年的自然生长和 1500 多年的人工栽培历史。在清代末年，牡丹被当作中国国花。1985 年 5 月，牡丹被评为中国十大名花之一。1992 年 6 月 1 日开始发行的第四套人民币 1 元流通硬币，就是以一朵盛开的牡丹花作为主题图案，被称为“牡丹币”。第五套人民币 100 元券正面“壹佰圆”面值下的装饰纹饰亦是牡丹图案。

夏初开花，色有红、白、黄、紫等种。牡丹分布于河南、山东等省，在秦岭和陕北山区还有野生种。

随后，前往参观世界牡丹邮票展览，首先看到的邮票就是中国《牡丹》，它是 1964 年 8 月 5 日，国家为了展示中国丰富的植物资源而发行的特种邮票，全套多达 15 枚。邮票图案选取白色底衬，采用中国当代花鸟画家田世光（1916—1999 年）的原画，分别展示了牡丹的 15 个品种，如蓝田玉、醉仙桃。发行《牡丹》的原因是：牡丹是中国特产的观赏花卉，中国人把它作为富贵吉祥、繁荣幸福的象征。

既然是特有的，佛教又是外来宗教，因此想当然认为，两者没有关联，事实上我错了。

1922 年版《佛学大辞典》，著者丁福保在第 1550 页写下了“南泉牡丹”的解释：

> （公案）“陆亘大夫与南泉语，话次，陆云：肇法师云，天地与我同根，万物与我一体，也甚奇怪。南泉指庭前牡丹云：时人见此一株花如梦相似。”见传灯录南泉章，碧岩第四十则，从容录第九十二则。

何谓“天地同根”？意即训示应融会万物为一体。身居北京的友人大多知道极乐寺，它建于明成化年间（1465—1487 年），寺内牡丹极盛……在我的想象中，极盛的样子可能就像今天天安门西侧的中山公园里面的牡丹花群吧！

在西藏山南市贡嘎曲德寺，寺中有一礼佛及说法的高座，住持格桑曲培告诉我，这是佛法中的“师子座”，佛住世时即有此坐席。只见其座高六尺、长三尺，上敷多层垫子。他说：“师子座可用牡丹、孔雀等图样。”

牡丹是怎样走进藏传佛教世界的图景，我还不知其源流。但佛事“供花”我略知一二。随着佛教中国化，自唐代始，牡丹逐渐用于佛事插花中。唐宋以后，在各个寺院的庭院都可看到牡丹的芳踪。在北京故宫博物院保存的山西稷山县兴化寺内一元代壁画《七佛说法图》，描绘庄严说法的情景：七位佛前遍设器皿，皿中盛大朵牡丹，下承莲座。在四川博物馆馆藏宋代《柳枝观音图》中，只见观音手执柳枝，旁边有一只大花盆，盆中插放大朵牡丹，山茶和萱草相衬于一旁。在明代的法海寺壁画中，也可看到天女捧瓶插牡丹，一旁天女手捧寿石，象征富足、长寿。

2020 年夏，担任洛阳市公安局龙门分局龙山石窟街道派出所教导员的王文哲兄告诉我，白马寺中的牡丹始于唐代，文献记载：寺院各殿前后、两侧皆有用砖石砌起的花台，内植许多牡丹，枝干高大如树。春日枝头皆花，可惜明末被毁，如今得到了恢复发展，花开时节，可谓“鲜花与古寺共辉”。

我在台北“中国文化大学”的学友——来自上海的郜东告诉我，如果有机会去松江区新滨镇鲁星村，那里有一株品名徽紫的“佛赐牡丹”，有上百年历史，为杭州灵隐寺方丈所赠，花色似红玫瑰，朵大如碗口，是黄姓家族绵延五代的“佛赐传家宝”。

顾所来径，苍横翠微。

知道优钵罗是因为曾知道一位比丘尼阿罗汉的名字就被意译为“如莲花般的容色”，有的翻译成“莲花色”“青莲花”。在庄春江《阿含辞典》中优钵罗被翻译为“水莲”。

“优钵罗花”汉译为乌钵罗花、沤钵罗花、郁钵罗花、优钵刺花，由于优钵罗花的叶子类似佛眼，所以常以其喻佛眼。

当优钵罗花被译为水莲时，我着实吃了一惊，因为在我的理解上它就应该是睡莲，睡莲有青色、赤色、白色，但青色最为著名。

对青莲花，从心底我是喜欢的，它花瓣长而广，青白分明，李白（701—762年）的号就是青莲居士。唐玄奘在《大唐西域记·呾叉始罗国》中写道：“掬除洒扫，涂香散花，更采青莲，重布其地，恶疾除愈，形貌增妍，身出名香，青莲同馥。”

青色的睡莲就这样成为我不断强化的记忆。

2019年，无意中与学友蔺壮壮开车路过河北省廊坊香河县刘宋镇庆功台村，这里是水生植物苗繁育基地、绿化水生盆景基地的世界。在一个巨大的荷花池旁，我看到了睡莲繁育基地并得到了初步的睡莲知识：

优钵罗花似莲而小，根状茎肥厚，直立或匍匐；叶浮生于水面，圆形、椭圆形或卵形，前端钝圆，基部深裂成马蹄形或心脏形；叶缘波状全缘或有齿，表面为有光泽的暗绿色，叶背是淡绿色，边缘为赤色且有不规则的暗赤紫色斑点；沉水叶薄膜质，柔弱。花单生，花有大小与颜色之分，浮水或挺水开花；果实为浆果绵质，在水中成熟。

睡莲的花期从 7 月开始到 10 月结束，昼开夜合。全世界睡莲属植物有 40 至 50 种，中国有 5 种。按其生态学特征，睡莲可分为耐寒、不耐寒两大类，前者

《现代汉语词典》第 7 版 1230 页，“睡莲”的解释是：多年生水生草本植物，根状茎短，长在水底，叶柄长，叶片马蹄形，浮在水面，花多为白色，也有黄、红等颜色的。供观赏。

分布于亚热带和温带地区，后者分布于热带地区。

睡莲除具有很高的观赏价值外，睡莲花可制作鲜切花或干花，睡莲根能吸收水中铅、汞、苯酚等有毒物质，是城市中难得的水体净化、绿化、美化植物。生于池沼、湖泊中，性喜阳光充足、温暖潮湿、通风良好的环境。耐寒睡莲能耐零下 20℃的气温（水下泥土中不结冰）也不会冻死。为白天开花类型，早上花瓣展开、午后闭合。稍耐荫，在岸边有树荫的池塘虽能开花，但生长较弱。

《慧苑音义》卷记载："优钵罗花，具正云尼罗乌钵罗。尼罗者，此云青；乌钵罗者，花号也。其叶狭长，近下小圆，向上渐尖，佛眼似之，经多为喻。其花茎似藕，稍有刺也。"

青莲花在佛教世界里是千手观音四十手中之右一手所持物，此手即称青莲华手。翻开经典，八寒地狱之第六就是优钵罗地狱，八大龙王之一为优钵罗龙王。前者因冰混同水色而呈青色，或因寒气而使皮肤冻成青色，故称优钵罗地狱；后者因龙王所住之处即优钵罗华所生长之池，故以之为名。

我的理解，佛教总是以莲花清净无染自勉，因此常常用以指称和佛教有关的事物。

优昙就是优昙花的简写，最早知道优昙花是在当时并不解其意的佛教文字中——过去七佛成道的菩提树各有不同，优昙跋罗树为第五佛拘含牟尼如来成道的菩提树……虽然断句都产生障碍，但心里最不明白的就是佛教经典《涅槃经》二十三还说了这样一句话："人身难得，如优昙花。"人身和这个花能有什么因果关系呢？

转念一想，"昙花一现"成语中的昙花是不是就是优昙花？一番上下五千年的文字寻访后，昙花彻底现身：昙花就是优昙花，也被称为优昙钵花。翻开《法华经》卷一（大九・七上）："诸佛如来，时乃说之，如优昙钵华，时一现耳。"身居拉萨近20年的好友张厚永在2007年曾带我去北郊一安居院，参观他一位朋友家的优昙花，他告诉我，这种花生长在喜马拉雅山，三千年才一开花，开花后会迅速凋谢。今天有幸看到绽放之花，实在是太幸运了。在回来的路上，我虽然一饱眼福，但这也太神奇了吧？关键是三千年开一次花的时间是谁定义的？世人谁能活过三千年？

多年以后，佛教文献《法华文句》卷四上所载解答了我的疑问，此花三千年开花一次，开时金轮王出世，乃佛之瑞应，故比喻事物之不常见或存在之短暂为昙花一现。

《大乘宝要义论》记载，此花的光明能破除黑暗，能使念者得清净，能止息众生痛苦，能驱除恶香，能施予妙香，能止息四界增损。此花只有转轮圣王中最尊贵的金轮王出世时才会应现。

1922 年版《佛学大辞典》，著者丁福保在第 2760 页详细对“优昙”作了阐释，这里只摘取一小部分予以说明：

> 慧琳音义八曰：“优昙花，讹略也。正音乌昙跋罗，此云祥瑞，灵异天花也。”同二十六曰：“此

《现代汉语词典》第 7 版 1268 页，“昙花”的解释是：常绿灌木，主枝圆筒形，分枝扁平呈叶状，绿色，没有叶片，花大，白色，生在分枝边缘上，多在夜间开放，开花的时间极短。供观赏。原产墨西哥。“昙花一现”的解释是：昙花开放后很快就凋谢，比喻稀有的事物或显赫一时的人物出现不久就消逝（昙花：佛经中指优昙钵华）。

云起空，亦云瑞应。”玄应音义二十一曰：“乌昙跋罗花，旧言优昙波罗花，或作优昙婆罗花。此叶似梨，果大如拳，其味甘。无花而结实，亦有花而难植。故经中以喻希有者也。”

优昙花是梵文音译，意为“祥瑞灵异之花”，意译为灵瑞花、空起花、起空花。优昙花又译为优昙跋罗华、乌昙花、忧昙波花、郁昙花，简称昙花。它的树干高3米左右，叶有两种，一平滑，另一粗糙，尖端细长呈椭圆形，印度人称之为“古拉鲁”。雌雄异花，花萼大者如拳，小者如拇指，十余朵聚生于树干，虽可食用但味道不佳。

在《教乘法数》卷十三中，可以看出佛教的核心要义是三宝之恩——佛之恩、法之恩、僧之恩，尤其是佛宝具足如“优昙花”之千载难遇……佛经中常用来比喻佛陀的难遇和佛道的难得。

世间果真无此花？答案是否定的。

优昙花的学名叫山玉兰，入夏时节，乳白色的花朵放出大片芬芳，叶子的颜色浓绿，可以说是极珍贵的亚热带庭园观赏树种，其气味仿如焚檀香木。

优昙喜生于海拔1500至2800米的石灰岩山地阔叶林中或沟边较潮湿的坡地，喜夏日凉爽、冬天温暖的气候。它的根系发达，萌蘖力强，适生于土层深厚、排水良好而肥沃的壤土。如果我们细心，走访云贵高原的佛教寺院，就能看到庙宇进口处多有栽植。

2012年夏，我在中共云南省委宣传部龚飞先生的引领下曾到访位于云南昆明的昙华寺，寺院内就种着一株明代的优昙。这座寺院的名字也因此树而得名。

2019年，在台北“中央研究院”担任访问学人期间，因所居之地的隔壁就是“中国文哲研究所”，一次在文哲图书馆的翻检，偶然看到了李丰楙研究员青年时代写下的《昙花》：

推开如此密密裹裹的夜
一朵昙花苏醒过来
刹那间，万籁静息在中止流转的时空里
展视玉石的肌理
在疏影横斜的园子里
舒展着筋络与愉悦
轻而又轻，淡而又淡的悸动
花瓣依次开放
招展的姿态步入昏黄的月光中
舞袖成风，暗香浮动
一若镜中之象
舒伸的一只手
燃焰于传说中的镜宫
幻化千盏万盏
盏盏闪现一卓绝而美好的姿态
当另一只手悄然伸出
拂拭镜中
世界又转入周而复始的轮回里

——一九七四年十二月

比喻篇

身是菩提树

比喻篇引言

乔纳森·卡勒对“比喻”二字写下定义：认知的一种基本方式，通过把一种事物看成另一种事物而认识了它。比喻就是佛教常说的譬喻。

写下被现代医学界称颂为“天然维生素”的庵摩罗果后，我脑海中出现“明白无常，方是正常”；写下被称作是印度水果的恶叉聚后，我脑海中出现“无始无终，因必有果”；写下被现代人称为芥子的罂粟籽后，我脑海中出现“须弥罗刹，针尖麦芒”；写下被称为空中之华的“空华”后，我脑海中出现“一妄涌心，定局清算”。

行思岁月，清一明二。

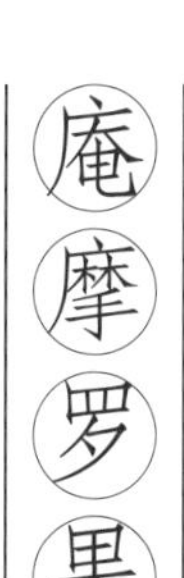

21世纪初，因新华通讯社的参考报道写作要求，多次独自一人前往广东汕头潮阳“暗访”，记忆中最深刻的就是当地人总是围坐在一起喝茶。在每一张茶具台的旁边，总会摆有一碟看上去有些透明的小圆果，当地人说这是“油甘”。

一口吃下，着实有些苦，但几秒钟后，嘴里的味觉就转换成有些甜了，此时再顺势喝上一口茶，油甘的滋味就变得更加甜口。这个很不起眼的小小果实，它的硒含量却是人类已知食物之冠，其维生素C含量比柑橘高10至23倍，比苹果高60至134倍，被医学界誉为“天然维生素丸”。

2010年版《中华人民共和国药典》，作为中药材的余甘子是大戟科植物余甘子的干燥成熟果实。药材气微，味酸涩，回甜，以个大、肉厚、回甜味浓者为佳。

转瞬，到北京工作学习已十余年，却再也没机缘吃到这种小水果了。

油甘在粤东有它独特的地方史。家居汕头的好友林颖辉女士告诉我："每年潮汕人的中秋夜，家家户户都要去'拜月娘'，全家老少必带已被扎成一小束有枝叶的油甘果，跟月饼、石榴、杨桃等一起作为供品摆放在红色盘中，拜祭月亮以祈平安。"

除此之外，林颖辉女士还对油甘所具有的药用价值颇有心得，她告诉我："这个小果除了成为本地人煲汤的原料外，它的叶、茎、根也都具有药用价值，油甘入药在当地较普遍，如感冒、咽喉痛、咳嗽等疾患，吃上一点效用就很明显。"

这么好的油甘，其实它正是佛教经论中常常现身的奇果——庵摩罗果，多产于印度热带区、马来群岛及中国福建、广东。

庵摩罗果，音译"阿摩洛迦"或"庵摩洛迦"，旧译"阿摩勒"或"庵摩勒"。翻开《大唐西域记》八曰："阿摩落迦，印度药果之名也。"再翻开《维摩诘经·弟子品》僧肇注曰："庵摩勒果，形似槟榔。"

庵摩罗果为庵摩罗树的果实，此树也称"阿摩勒树"，在盛唐时就已从印度传入我国，主要分布在广西、云南、台湾、福建等亚热带地区，它耐干旱、喜光、忌寒，年均所需温度需达 20 摄氏度以上。

在台北南港"中央研究院"人文社会科学联合图书馆旁的山坡地，一株树姿优美、树高 10 余米"庵摩罗树”作为庭园风景树成为我每天必经之处。对它连续观察几个月后，它的一切尽收眼底：它的树干似合欢木，它的枝是灰褐色，它的叶子是椭圆形，它的叶面为深绿色，它的花呈黄白色，它的果实似胡桃……2019 年 10 月底，我即将离开台北返回北京时，它的果实为黄绿色，还没有完全成熟，因此也就无缘一尝。

“中央研究院”学术活动中心“学人宿舍”一位管理员告诉我，在台湾地区，庵摩罗果成熟后，其味是酸的，而汁液味美，可煲汤，它的果实甚至可在树上挂果保鲜到次年，这在地球上的水果家族中找不到第二个。

在《玄应音义》卷二十一：“其叶似小枣，花亦白小，果如胡桃，其味酸而且甜，可入药分，经中言如观掌中者也。”

1922 年出版的《佛学大辞典》，著者丁福保在第 2109 页对“庵摩罗”作出诠释：

> （植物）梵语，阿摩楞迦。毘奈耶杂事一曰：“余甘子出广州，堪沐发，西方名菴摩洛迦果也。”

丁福保在辞典中专门强调，“菴摩罗果”不可与“菴罗果”混为一谈。“阿摩勒”其音近“菴没罗”，就汉译经论中的音译而言，甚难辨别。沿着丁先生的文字指引，我将证据找出一二：如《大楼炭经》卷一《阎浮品》、《起世经》卷一《阎浮洲品》，并举“阿摩勒”与“菴婆罗”；《大唐西域记》卷二别记“阿末罗”与“菴没罗”；《有部毗奈耶杂事》卷二的注，则明记“菴摩洛迦”与“菴没罗”完全不同。

《佛光大辞典》第3670页，编者专门梳理了《大楼炭经》卷一、《善见律毗婆沙》卷一、《大唐西域记》卷二、《玄应音义》卷八中的相关信息，提醒阅者一定要注意区分“阿摩勒树”与“菴没罗树”。

那么，“菴摩罗果”在佛教世界中究竟是什么样的角色?《善见律毗婆沙》卷一载:“有雪山鬼神献药果，名阿摩勒呵罗勒。此果色如黄金，香味希有。”

又是黄金，味道还是稀有，这当然是俗世中的“神奇”。在《大唐西域记》中，落迦是印度药用果实的名称。阿育王（前303—前232年）晚年病重，知道自己寿命已不长久，就想布施于鸡头摩。可是有权力的大臣都劝阿育王不要那样做。一次，阿育王吃庵摩罗果，吃到一半时，将其拿在手里玩弄，随后发出一声长叹，故事就这样开始了:

阿育王对大臣们问道:“现在，赡部洲的主人是谁?”

大臣们回答说:“唯有大王。”

阿育王说:“不是。我现在不是主人，现在唯有这个果实的一半能听从我的意思。这世间的富贵比风前的灯火更不可靠，地位居天下之最高，名称也是最高的大王，在临终时无实权，受到有力大臣的控制。天下已不属于我，我现在拥有的，唯有这个果实的一半而已。”

随后，阿育王命令大臣将一半的菴摩罗果的果实，送至鸡头摩布施僧众，作为最后的供养。

僧众接受了阿育王的供养之后，并将果核埋于土中。

当一位至高无上的王者都能看清“世间的富贵比风前的灯火更不可靠”时，当“明白之物”——庵摩罗果成为佛教世界中最常见的视觉果实时，我们就会明白佛陀的用心良苦。他让我们知道无常的蕴意：今日所有的华丽与风光，明日很可能会杯盘狼藉；今日所有的满面愁容，明日很可能会笑逐颜开。

明白无常，一切方是正常。

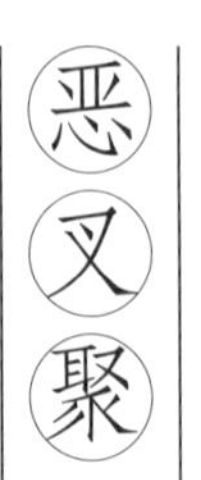

无始无终的世界里，循环上演着有因必有果

2019年5月26日，为参加复旦大学刘宇光《左翼佛教和公民社会》与玄奘大学黄运喜《佛教的社会关怀与寺产问题》的新书发表会，我在清晨5点就从台北南港乘坐区间火车到中坜，再转去往观音的长途汽车到大同站下车再步行，花费3个多小时的路程，方来到坐落在桃园市乡间的佛教弘誓学院。中午与来自斯里兰卡的罗睺罗法师和黄运喜教授闲聊时，他们的对话中有句话令我记忆深刻。黄教授说“惑、业、苦”，罗法师说那就是个“恶叉聚”。

我赶紧追问“恶叉聚”是什么？他说是一种印度水果，它不生则已，一生就是三颗连在一起。

他还告诉我，“恶叉”是树名亦是果名，它以其果实多聚一处，故名“恶叉聚”，

印度以及马来半岛均有分布。

如此神奇，令我怀疑其说法的准确性。

回到北京后，从日本和台北采购的各类佛教辞典均已安运家中。因 2020 年上半年的疫情反复，我深居家中全心阅读各类佛教辞典，以恶补自身知识的欠缺。一次随手的偶翻，恶叉聚就这样出现在我的眼前，弘誓学院的对话在脑海深处也同时被唤醒。

1922 年出版的《佛学大辞典》，著者丁福保在第 2053 页写下对“恶叉聚”的解释：

> （植物）恶叉者，果实名。形似无食子，落地则多聚于一处，故云恶叉聚。楞严经一曰：“业种自然，如恶叉聚。”唯识论二曰：“一切有情，无始时来，有种种界，如恶叉聚，法尔而有。”同述记曰：“恶叉形，如无食子，落在地时，多为聚故，以为喻也。”同演秘曰：“恶叉聚者，于一聚中，法尔而有多品类也。西域有之，人以为染，并取其油。”玄应音义二十三曰：“恶叉树名。其子形如无食子，彼国多聚以卖之，如此间杏人，故喻也。”（今之金刚子）。

“金刚子”这个名字看上去有些形象，它其实属田麻科，是边缘呈锯齿状的单叶乔木，叶长 4 至 5 寸，叶柄短，花瓣白色，果实呈紫色核球状，大小如樱桃。印度人多用以染物或榨油，果实内核有沟，稍坚。

今天，佛教世界常常将恶叉聚做成念珠，名为“纵贯珠”或“天目珠”……于我而言，更关注佛教经论中多以此树譬喻多次或众多之意的故事：对一个在人间总做坏事的凡夫俗子来说，他的生命永远活在一个恶性循环——起烦恼、造罪业、到三恶道去。三恶道出来以后好不容易得到人身，他又起另外烦恼，因为他习气还在，继续起烦恼，造恶业，又堕落到三恶道去。所以他的生命当中永远是活在“惑、业、苦”的恶叉聚循环当中。

“三恶道”就是地狱道、饿鬼道、畜生道，一切众生做坏事都会被归位其处。

执大象，天下往。

当河南省南阳市新野县公安局副局长蔺忠谦告诉我民众会误将罂粟苗当成芥菜苗食用时，我方知两者外形如此之像。脑海中闪现出各类普法电视节目中，因罂粟而家破人亡的人间悲剧从未结束。这个外表绚烂华美的罂粟花，经烧煮和发酵，便成了被人吸食的鸦片，它在1840年代生生地用自己“上瘾的狂飙”将华夏之门撞开、撞坏以致撞毁，让大清王朝走上万劫不复的境地。

这个我以为的芥子再次走进我的记忆，是2023年11月22日在上海西郊朱家角，集体收看爱国主义电影《八佰》，影片中日军施放了芥子气，这是人间的超级杀手。因为该气味释放出类似芥末味道，这个异硫氰酸酯类化合物就被贴上了芥子气的标签。我想说明的是,芥子真的是在为芥子气“背锅”,实际上两者毫无关系。

还记得2004年5月24日下午，黑龙江省齐齐哈尔市富拉尔基区一工地施工时，挖出圆铁桶，类似芥末混合着大蒜的味道喷涌而出，造成大范围人群皮肤溃烂……经沈阳军区处理遗弃化学武器事务办公室防化专家现场鉴定，认定圆桶为日军遗弃化学武器芥子气剧毒气桶。这个芥子气首先被德国军队在第一次世界大战后期投入使用，造成大量人员伤亡，其死亡率占毒剂总伤亡人数的

80％以上，故有“毒气之王”的称号。

自此，我对带有“芥子”二字的任何信息，大脑反馈给我的结果就是反感，极其反感。

2018 年秋，我在北京常营附近的山有花西餐厅与在英国留学的好友郎威先生喝下午茶，面对我爱吃的水果沙拉，他却告诉我一个惊人的字眼——罂粟籽，他说罂粟籽是沙拉汁的最主要配料之一，因为里面含有对健康有益的油脂。

听君一席话，我仿佛明白我为什么吃沙拉汁有些上瘾。芥子就是这样越来越成为我的厌烦，发生改变是在 2020 年的春节。一次午饭，母亲做了我最爱吃的雪菜豆丝面，我随口问了一句雪菜是不是就是腌制的胡萝卜叶，答案是雪菜（雪里蕻）和榨菜都是芥菜的变种。母亲说见过芥菜种子吗？父亲此时接上话茬说，芥菜成熟后的种子就是芥子，它的颜色有白、黄、赤、青、黑之分，就像丹参滴丸大小，是临床常用药物。有空翻翻《西游记》，在第 22 回里就有“遣泰山轻如芥子，携凡夫难脱红尘”……

直到这一刻，我发现我对芥子有太多自以为是的误读，它在佛教世界的真正身影与我的认知则完全相反。

芥子实际上是梵语，在汉译世界被音译为“萨利杀跛”“舍利娑婆”“加良志”等。在佛教世界里，比喻为体积极其微小之物，如“芥子纳须弥，毛孔收刹海”。又因芥子与针尖均为极微小之物，而在佛教经典中比喻极难得之事。《涅槃经》中，佛出世之难得犹如“芥子投针锋”。

1922年版《佛学大辞典》，著者丁福保在第1257页写下解释：

(譬喻)以芥子投针锋难中，譬佛出世之难也。又喻极小也。白居易僧问曰："维摩经不可思议品中云：芥子纳须弥。须弥至大至高，芥子至微至小，岂可芥子之内入得须弥山乎？"

(物名)芥子为性坚辛者，密教以之为降伏之相应物，于此加持真言，投于炉，以供降伏之用。真言修行钞五曰："实贤僧正护摩师传抄云：取芥子投

《现代汉语词典》第7版671页，"芥菜"的解释是：一年生或二年生草本植物，开黄色小花，果实细长。种子黄色，有辣味，磨成粉末，叫芥末，用作调味品。

> 炉中，十方十度也。护摩略观抄云：（道范）芥子坚辛性，有降伏用。依添真言加持，作降魔结界也。投十方，破十方魔军也。又龙猛菩萨咒，白芥子打开铁塔扇。入法界塔中，受金刚萨埵灌顶。今行者芥子加持，又打开十方法界塔婆，请诸佛圣中证明听许之观可作之。”

丁先生在近百年前对芥子的解释如此简洁清楚，令我茅塞顿开。

《大日经义释》卷七，以芥子性辛辣异常，多用于降伏障难之修法。在藏传佛教密教中，将白芥子置于火中燃烧，以为退除烦恼及祈祷之用。但白色芥子不易得，古时多用罂粟籽、蔓菁子或普通芥子所代替。又自古传说，龙树菩萨曾在南天竺以白芥子七粒击开南天铁塔，取得大日经。芥子具有祛除魔障之力，故供养佛舍利之驮都法时，均以白芥子为不可少的供物之一。

2020 年的初夏，走进京郊平谷洙水村一处芥菜地，姚宇航兄开始了他的讲解：芥菜的叶子是长圆形，花多为红色，也有白色或黄色，成熟后的果实是球形，内有很多种子，种子的外种皮多汁，可以吃，果皮可入药。

芥子与菖蒲、沉香等，共列为三十二味香药之一。

从事宗教心理学博士后研究后，中央民族大学人文学部主任、哲学与宗教学学院刘成有院长是我的合作导师，他嘱我抓紧一切时间心无旁骛地大量阅读佛教文献。当我阅读到《大慈恩寺三藏法师传》卷四，看到这样一个细节：中印度乌荼国僧众多修习小乘学，以为大乘学非佛陀之教法，乃贬称大乘学人为空华外道。

这里用的一个词语就是梵语“空华”，“空华”就是空中之华，它的全称是“虚空华”，又汉译为“空花”“眼华”“眼花”。

当天空飘落雪花，当雪花漫天飞舞，我仿佛看到了空花片片明。

1922 年版《佛学大辞典》，著者丁福保在第 1275 至 1276 页写下解释：

> （譬喻）空中之华。病眼者，于空见有华也。虚空原无华，只是病眼之所见，以譬妄心所计之诸相无实体也。圆觉经曰：“妄认四大为自身，六尘缘影为自心相，譬如彼病目见空中华，及第二月。”传灯录十（归宗语）曰：“一翳在眼，空华乱坠。”

三界空华作为虚妄幻化之花是佛教世界的常识。凡间世界的空中原本无华，只因自身眼睛有翳，就会在空中妄见幻化之花。它的寓意是由于妄见而起错觉，以为实有。

佛陀讲法曾说过这样一句经典：“是心所生法，是法能所取，如醉眼空华，是法然非彼。”此言一叶障目，则见空华之乱堕，不得认虚空之实性也。

《传灯录》十，有一段福州芙蓉山灵训禅师初参归宗禅师的对话。

> 问：如何是佛？
> 宗曰：我向汝道，汝还信否？
> 师曰：和尚发诚实言，何敢不信？
> 宗曰：即汝便是。
> 师曰：如何保任？
> 宗曰：一翳在眼，空华乱坠。

行走世间，我们常常道听途说，实乃一翳在目，千华乱空；行走世间，我们常常想入非非，实乃一妄在心，恒沙生灭。

如何将“妄想”变成“理想”，唯增长良善方为沧桑正道。

当抛却华袍的生命迈入朝圣与回归的正道，不仅菜根香，不仅甘露降，更是济世滋味长。

年少时生活在北国的松花江畔，那时的漫长冬季，独门独院的家家户户都会买上一筐一筐的花盖梨，它圆圆的，黑黑的，很甜很甜，成为春节时刻最美最可口的水果记忆。

记得小伙伴们争论不休最多的就是黑梨的颜色，它长在树上的颜色会是什么样的呢？有的说本来就是黑的，有的说本来就是黄的，一位曾吃过香蕉的小伙伴说自己的父亲在广州吃过的香蕉是黄色的，但到了东北就变成黑的了。那时我们都没有见过香蕉真实的模样。

到桂子山上的华中师范大学读书时，

《现代汉语词典》第7版796页，“梨树”的解释是：落叶乔木或灌木，叶子卵形，花一般白色。果实是常见水果，品种很多。

同学辛丰、黄金来的家乡就在吉林梨树县，我曾开玩笑地问他，梨树县是因为梨树多而落名的吗?

再后来，在北京西北航天城附近的住处有一处梨树园，我才算真正走进梨树的世界。作为落叶乔木的梨树，为香橙树之一种，蔷薇科梨属，叶为互生复叶，呈楔状卵形，花朵是五瓣白花，有特殊香气，果实近球形，不仅可食用，亦可治咽喉病。

此外，梨树的材质呈黄色或灰白色，质地坚硬，可作建材。

在佛教世界，阿梨树并不是我们所知道的梨树，它的梵语是“迦毘陀树”。阿梨，音译为“曼析利”“阿黎曼析利”，意译为花菜、兰香藕、萌藕。翻检《佛光大辞典》，第3962页写道:

> 又作迦毘陀树、迦卑他树、劫彼陀树、劫比他树、劫毕他树、柯必他树、迦捭多罗树。译作梨树。杂阿含经卷二十六(大二·一九〇上)：“有五种大树，其种至微，而树生长巨大，而能映障众杂小树，荫翳萎悴，不得生长。何等五?谓揵遮耶树、迦捭多罗树、阿湿波他树、优昙钵罗树、尼拘留他树。”

阿梨树是佛经中头破裂为七分的譬喻。在我经常阅读的《妙法莲华经》卷七《陀罗尼品》第二十六中，“若不顺我咒，恼乱说法者，头破作七分，如阿梨树枝，如杀父母罪……”

在这里我解释一下上面这句话的含义，此偈是罗刹女对夜叉、罗叉、饿鬼等所说，其宣告一切非人等莫要恼乱宣说法华经者，如果有违反者，则使其头裂破作七分，如阿梨树，如同杀父母罪及压油杀生、以斗秤欺人、破坏僧团和合罪，如果有违犯恼怒法师者，也将受此报。

人生苦旅，穿行岁月的道途，无数似是而非扑面而来，众声喧哗，人声鼎沸，当我们自觉将最吸引人的声音理会成最正确的声音时，看清看明就会成为奢望。

浮世三千，暮暮朝朝。

在大学时代，我最愿意阅读的作家就是孙犁（1913—2002年），当我阅读他1941年所著的《芦苇》时，芦苇在他的笔下被拟化为人，苇叶也被拟化成像坚强的抗日军民一样，在四面八方的密集枪声中还安之若素。作家肖复兴对孙犁笔下白洋淀的芦苇作过评价："芦苇是生活的场景，也是艺术的意象。他很多的篇章，都少不了芦苇，虽然文笔也只是逸笔草草，却已成为作品中的另一主角。"

孙犁先生在《采蒲台的苇》一文中，书写了芦苇的各种用途："可以织席，可以

《现代汉语词典》第7版846页，"芦苇"的解释是：多年生草本植物，多生在水边，叶子披针形，茎中空，光滑，花紫色。茎可以编席，也可以造纸。根状茎可入药。也叫苇子。

铺房，可以编篓捉鱼，可以当柴烧火……”接着，孙犁先生继续写道：“关于苇塘，就不是一种风景，它充满火药的气息和无数英雄的血液的记忆。如果单纯是苇，如果单纯是好看，那就不成为冀中的名胜。”

第一次认真观察5月的芦苇，花穗已然呈紫色，下有白毛，随风飞散，就这样将种子播迁到远方。它多生长于溪流两岸或沼泽、湿地等水分充足的地方。茎细致有光泽，可编织芦帘、芦席。

2018年5月，我随河北保定佛教协会会长上真下广大和尚前往白洋淀。他告诉我，5月的白洋淀，简洁率真的芦苇万顷，俯仰吐穗，它是这里的天然主角。当我、山东临邑县融媒体中心的郑慧和山东大学外国语学院孟庆娟老师坐上村民创收的小船，大和尚告诉我们：无论是《一切经音义》(《慧琳音义》)还是《新集藏经音义随函录》，里面都有佛教经典对芦苇的描写。这些经典中常以束着而站立的芦苇，来比喻相互依存的关系。

当我找到《新集藏经音义随函录》后，关于芦苇，有短短的一句：“上落胡反下韦鬼反。经音义作藋苇。”再翻开《宗镜录》卷四十七：“以束芦来比喻六根、六尘之间的关系。”

这让我想起来自湖南衡山脚下的当代诗人陈群洲先生，他笔下的芦苇事实上已化为我内心的依存：

向一根芦苇学习，
在寂寥里

对明天充满热爱，迎接还在路上的百般苦难
一言不发，不是空虚。
还没到需要表达的时候
必须蒸发掉内心所有的水分，
从骨子里冶炼出纯粹的银
并且不断将它们的光芒举过头顶

这首被我永存脑际的诗歌，它在 2020 年乍暖还寒的 3 月北京，春天的风提醒被岁月割掉的芦苇又一次重新披装，此刻的我真的看到了经历九十九轮生死的芦苇，它依然没有开口喊痛。

这不就是佛教世界中芦苇呈现的精髓吗?

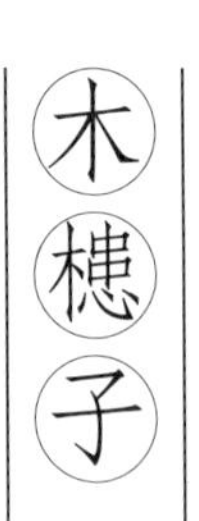

当祈祷的念珠，仅成为对自己的交代

2016年，首都师范大学一位研究佛学的朋友从印度加尔各答归来，神秘无比地拿出一副108颗的念珠（108颗念珠代表断除108种烦恼，作为修持时计算数字之用，108粒当作100计），悄声告诉我说这可是木槵子材质。

这是我第一次近距离看到木槵子，因为我知道它是印度最早的念珠。

翻阅《千手千眼大悲心陀罗尼经》，木槵子在此的梵名为“阿唎瑟迦紫”和“阿唎瑟迦柴”，汉译世界里还有“槵子”或“无患子”的说法。木槵子是落叶乔木，高1至2米。夏季开黄色的小花，开花后的果

佛教徒均喜用木槵子制造佛珠，意喻秉承佛陀教诲，无有忘失。翻检《佛光大辞典》，在第1471页中这样写道：《本草纲目》列有“无患子条”，共举出七种别名，即：桓、木槵子、噤娄、肥珠子、油珠子、菩提子、鬼见愁。

实大如弹丸，坚黑如漆珠，一裂而为三后，内出圆珠状的种子，色黑而坚。其果实不仅可制造肥皂，更是制作念珠的优质良材。

古印度佛教徒用木槵子的种子制作念珠的理念，随着佛教的北传东扩接续到南朝梁代中国。打开唐代释道宣（596—667 年）所撰《续高僧传》，关于“木槵子”的记载简明扼要：“穿诸木栾子以为数法，遗诸四众，教其称念。”此处“木栾子”即“木槵子”的一种；此处“四众”是指出家比丘、比丘尼以及在家居士男众、居士女众。

1922 年出版的《佛学大辞典》，著者丁福保在第 484 页将“木槵子”解释道：

> （植物）又云无患子。木树能辟邪鬼，故名无患。其实可以为念珠，谓之木槵子。梵名阿梨瑟迦紫 Ariṣṭa，千手合药经曰：“若有行人欲降诸大力鬼神者，取阿梨瑟迦紫，咒三七遍，火中烧。”注曰：“阿梨瑟迦紫者，木槵子是也。”崔豹古今注曰：“一名无患，昔有神巫名宝眊，能符劾百鬼。得鬼，以此棒杀之，世人以此木为众鬼所畏，故名无患也。”

西晋崔豹（今北京密云人），他认为神巫能以画符念咒召鬼，再用木槵子棒将鬼打杀，意即这种树为众鬼所惧怕，所以称为“无患”。由此可见，木槵子棒有辟邪作用，民间世界称之为“打鬼棒”。

佛教世界的木槵子还有哪些有寓意的故事呢？

2500多年前，佛陀在王舍城鹫峰山时，毗舍离国王遣使至佛陀面前，询问解脱众苦的方法。佛告以贯串木子108个，常持之唱佛、法、僧三宝名，称念一声即过一木子，如是若满20万遍，则身心不乱，命终时得生第三焰天。若复满一百万遍，当永断烦恼根。

此后，木槵子在古印度成为信佛修行的辅助工具。在《木槵子经》中，它被赋予灭除烦恼的寓意，因此修行者需以木槵子穿成108颗念珠，且随身携带。

在古印度之外，随身携带的念珠因地方材质的多样性以及日日使用频率的磨损导致念珠破裂比比皆是，唯有木槵子的坚硬程度可以说无物可替代。当今时代，有商家在给大客户推销木槵子时，只见商家拿起铁锤用力敲击却无法击碎，用手将它用力猛摔在水泥地面，却能弹跳高达1至2米而无损，耐用程度显而易见，加上捻动木槵子念珠时手感平滑，虽价格昂贵依然受到喜爱者的追捧。

行文至此，普及一下念珠小常识，念珠挂在颈上挂一圈，挂在手上一定要两圈，放在台案上要放三圈，才合佛教世界的严谨规矩。

一念起，一念落。

念珠的拿起与放下，仅仅是对自己心灵的一个交代，绝不是给别人远观和近瞻的。

频婆树

似珊瑚，似胭脂，不屑一顾最相思

说起相思树，记得2000年短暂独居深圳特区报业集团后面的住宅楼时，追看了一部深圳电视台播放的电视连续剧《西游记后传》，剧中毛阿敏的演唱充满了人生的感慨：

……

最肯忘却古人诗，最不屑一顾是相思

守着爱怕人笑，还怕人看清。

春又来看红豆开，竟不见有情人去采，

烟花拥着风流，真情不在

……

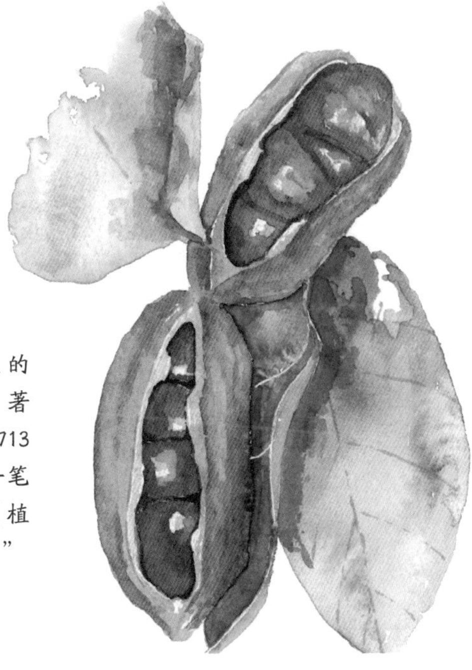

1922年出版的《佛学大辞典》，著者丁福保在第2713页上对“频婆”一笔带过地写道：“（植物）赤色之果实。”

这就是我对相思树的最早感受。移居北京后，我竟在住宅小区的院子里看到了相思树，每每路过，都能想到红豆开，无人采……似乎有些惯性的悲戚感。

2018 年，趁到香港中文大学参加第十三届青年佛教学者学术研讨会暨第五届佛教口述历史研讨会的机缘，认识一位深耕佛教研究的学者，每每跟他对话，我都很是紧张，因为他说的很多专有名词我都闻所未闻。记得一次早餐后在电梯间见到他，他说“你的唇口丹洁如频婆果”。我说何意？他就很开心地给我道来：频婆就是梵语意译“相思树”，频婆树属乔木类，果实大如赤小豆，鲜红色，称为“频婆果”和“频婆罗果”。

他接着问我能感受到“兜率天宫”的庄严吗，我说我可以想象到布达拉宫的庄严。他于是又冒出来“百万亿频婆罗香”，大概意思是整栋建筑都是最最美好的意思。

这时候，电梯到了我住的楼层，谈话戛然而止。

从电梯口到房间，穿越至少百米的走廊，我回想他说的“兜率天宫”，这是未来佛——弥勒佛的净土，而我却回以“布达拉宫”，这是观世音菩萨的居地，为自己对他南辕北辙的回答感到内疚，他对我的这个玩笑一定会有些失望。但转念一想，他又说出“百万亿频婆罗香”，似乎又是肯定“布达拉宫”与“兜率天宫”均为清净庄严的美丽新世界。

从香港返回广州后，因要采集生前曾担任中国佛教协会咨议委员会副主席、广东省佛教协会会长的云峰（1921—2003 年）长老口述史，我如约走进千年佛教禅宗寺院——广州六榕寺，在丈室外庭院处，就立有两株百年以上树龄的频婆树。频婆树作为佛教世界里的一种香树，以频婆果的赤红色，来形容佛陀的唇美。《佛本行集经》卷一九："呜呼我主，口唇红赤，如频婆果。"春夏时分的六榕寺，满树繁花灿若繁星，点缀浓荫，清风拂过，如米落花无声飘洒，遍地馨香，如铺玉毯，不忍下足。中国佛教协会常务理事、广东省佛教协会常务副会长、广州市佛教协会常务副会长、六榕寺方丈上法下量大和尚告诉我："但逢深秋，频婆结果，如珠润泽，簇簇丛丛，纷纷坠落，轻叩石板，却更显丈室幽静。"

《瑜伽略纂》说，频婆果为吉祥果，形似枳，肉呈金色，光泽如郁金香。《十住毗沙论》说，佛陀的双乳圆起不下垂，柔软鲜净，色如丹霞，犹如频婆果，上下相当，不粗不细。

此外，频婆果也可用来作为供品，在《大方等大传经》中，就说生病者应以频婆果来应对。

佛教世界常以大伞盖象征遮蔽魔障，喻佛陀教诲的权威，张弛自如，贯通无碍，光大远播。六榕寺这两株频婆树，四季绿云如盖，日日听闻丈室经声，"大道经行处，众生愿乐闻"，古树阒然受熏，欣喜洒下无上清凉。

刹那间，我理解了电梯中与教授短暂谈话时所说的"百万亿频婆罗香"的真正含义。

英雄不死，化为执着的天地赤诚

为什么战旗美如画，英雄的鲜血染红了它，为什么大地春常在，英雄的生命开鲜花……

这是中国人耳熟能详的电影《英雄儿女》插曲《英雄赞歌》的歌词，激励了一代一代的红领巾少年。

2015 年 10 月，在中央民族大学哲学与宗教学学院从事宗教心理学博士后研究以来，我越来越觉得这首赞歌所泛指的“鲜花”只有婆罗奢花才能配得上，因为佛教世界的婆罗奢花恰是如鲜血般赤红的花。

“火红、热烈”的鸡冠花象征着“真挚永恒的爱情”，因为“鸡冠花”风霜雪雨过后花姿不减，花色不褪，被视为永不褪色的恋情。在欧美国家，第一次赠给恋人之花，就是火红的“鸡冠花”，寓意真挚的爱情。1922 年出版的《佛学大辞典》，著者丁福保在第 1887 页对“婆罗奢”作出解释：（植物）树名。译曰赤花树。

这到底会是一种什么花呢？清代高士奇著《天禄识馀·鸡冠》中记载："鸡冠花"即是佛书谓之"婆罗奢花"。

鸡冠花在古今中国都是最常栽种的一种花，喜光、喜湿热，不耐霜冻，文人墨客以此吟诵鸡冠花更是不计其数。明代翰林学士解缙（1369—1415 年）学识渊博，才华横溢，明成祖朱棣（1360—1424 年）请其主持编纂彰显国威、造福万代的巨著《永乐大典》，可见对他的赏识。一天，朱棣帝以"鸡冠花"为题，令解缙即兴赋诗一首，解缙吟诵道："鸡冠本是胭脂染……"朱棣从袖中抽出一枝白色鸡冠花来，笑道："为何这枝鸡冠花是白色的呢？"没想到解缙随机应变，接着吟诵："今日如何浅淡妆？只为五更贪报晓，至今戴却满头霜。"皇帝听后，不禁称妙连连。

将思绪回到古印度，婆罗奢为印度婆罗门教的圣树，树叶很大且色青，树汁赤红，可制药或染料。

有记载婆罗奢花日出前为黑颜色，日出后转为赤红色，日落后转为淡黄色。在《过去现在因果经》中，佛陀从兜率天降下，诞生在阎浮提，兜率天的天人们因悲伤过度，于是毛孔流出婆罗奢花般的鲜血。

长达 6 年的苦行岁月中，非常瘦弱的佛陀，此际皮骨相连，血脉浮现，就像婆罗奢花一样。由于婆罗奢花的颜色鲜红，类似血色，因此也常用作藏传佛教火供护摩修法之用。

翻开《圣迦尼忿怒金刚童子·菩萨成就仪轨经》，修法坛前就是以婆罗奢木燃火……

书写至此，猛然想到谭嗣同（1865—1898 年）在

1898年的监狱中所作《狱中题壁》，其中两句："我自横刀向天笑，去留肝胆两昆仑。"鸡冠花绽放的样子，直让我看到谭嗣同的身影。

行走世间，我们自己的人生是否会有人格上的从容不迫，心灵上的无比坦然，生命上的临危不惧？

我非常喜欢毛阿敏 2004 年演唱的歌曲《无悔的忠诚》，每每听到“浩然正气永在天地间”时，我总能想起“铁树”的形象，想起曾担任公安部宣传局局长、新闻发言人单慧敏让我学会了坚守坚强，学会了忠诚担当：

《现代汉语词典》第 7 版第 1304 页，“铁树”的解释是：苏铁的通称。

历尽万辛的你
再回头看一看
铸成的誓言
你也有心酸
可你不说难
亲情道义两肩担
你腰不弯
……

在我的认知中，铁树不仅是地球上最古老的树种之一，更是在这颗蓝色星球上生命力最强的植物。在铁树的热带家乡，不常开花是我对它的刻板印象。

在北京和西藏从事花草树木交易的朋友孙长征告诉我，铁树生长极其缓慢，寿命一般在200年以上，若要移植北方，往往20年以上才会开一次花。他带我走到几株铁树跟前，告诉我，这些都是四川攀枝花的铁树，铁树花有雌雄分别，雄球花为圆柱形，雌球花为扁球形，每年都会自茎顶端抽生出一轮新叶。铁树在南方生长，花期可达30天左右，6至8月间绽放的是雄花，10至11月绽放的是雌花。

漫步他租下的百亩花圃，孙先生给我讲了一个关于铁树的传说:

很久以前，南方有一只金凤凰，它不仅羽毛美丽，而且歌喉动听。它时而立于树梢，时而盘旋空中，深受众人的喜爱。

一个贪得无厌的人听说这只金凤凰的故事后，想独自霸占这只金凤凰，于是捉住金凤凰，喂给它最好的食物，想让金凤凰为他伸展美丽之羽，但金凤凰一不展羽毛二不唱歌三不跳舞。时间一久，贪得无厌之人再也无耐性等下去，于是用火将金凤凰活活烧死。

大火过后，灰烬中长出一株小树，小树的叶片如同凤凰的尾巴，人们认为这是那只金凤凰所变，都非常钦佩它那宁死不屈的精神，于是给它起名“铁树”，又因其形状酷似金凤凰的尾巴，而称它为“凤尾蕉”。

一次在湘粤交界处行走，路过宜章县一座废弃多年的国有煤矿办公楼旁，就看见种植了铁树。这种被当地人称为“凤尾蕉”的铁树，虽得不到任何人工的呵护，却依然舒展着它的深绿色。

铁树花开世界香。

2017 年夏，一次晚饭后，我和黑龙江省杜尔伯特蒙古族自治县正洁寺的藏文老师智华散步，他告诉我，寺院之所以种植铁树是因为它是佛教禅林用语，无论是藏传佛教还是汉传佛教抑或南传佛教，都以铁树的无花无果来比喻无心、无作的妙用，并断绝了思虑和分别。

1922 年版《佛学大辞典》，著者丁福保在第 2933 页摘录了关于“铁树”的经典语录：

> （譬喻）金铁之树木，无开花结果之事。碧岩四十则垂示曰：“休去歇去，铁树开花。”同种电钞曰：“宗师家到大休歇处，领铁树花开劫外春，不是尽细识人争得如此乎？”

而台湾地区佛光山出版的《佛光大辞典》，第6880页上这样写道：

> 无憎爱、无取舍、无能所，而天真烂漫地开展，为铁树之本来面目，以此形容衲僧之不染污、没踪迹之行履。又“铁树开花”一语，表示被视为固定不变而实有变化之理。若配于体用，则铁树为体，开花为用，表示由死而显活、由静而发动之无为无作之功用。

此刻，我真正懂了佛陀之所以将铁树作为禅林之语，就是以无花无果比喻无心。

理贵变通，精神先见。

小的时候，在太姥姥家，也就是妈妈的姥姥家，小小的房间炕墙上贴着《天女散花》的连环年画，每次去，都能注目看上一会儿，但着实是看不懂的。卖糖葫芦的太姥爷总是不厌其烦地给我讲这墙上画里的故事，鲜花开放满天庭，万紫千红别有春。采得鲜花下人世，好分春色到凡尘……这个天女是天帝的孙女，她面容绝世，风度雍雅，每逢群仙会于琼台，她便率众仙女欢歌起舞，共享太平。今日仔细想来，在那矮矮的破败黑屋里，少年之我幻想着鲜花盛开的天庭，佛学的因缘种子可能就生长于此吧。

多年后，在中央电视台戏曲频道，偶然看到黄梅戏《天女散花》，主唱张口的第一句就是鲜花开放满天庭……那已离世三十多年的太姥爷讲故事的场景就这样不经意从我的大脑深处瞬间涌来，一个画面都不曾缺失。

当回忆转换到现实，天女散花会不会就是佛教世界里的天花?《新集藏经音义随函录》明确告诉我，“天华”就是“天花”时，我心一颤，古人闻之色变的“天花病”和佛教经典里的“天花”是不是也有什么关系?阅读完《天花根除的全球史》后，我的紧张心情有所缓解。

在古中国，之所以称为“天花”，是因为此症若天上花之多变……在东汉建武年间（公元25—55年），著名药学家葛洪就已在《肘后备急方》中记载此病，这是我国也是世界上最早关于“天花”病的记载。从人痘接种到牛痘接种，根除天花的全球行动举步维艰，这也是迄今为止，最终通过人类联合努力而消灭的唯一疾病。

此“天花”非彼“天华”。

2003年上海辞书出版社出版的《辞海》彩图音序珍藏本第2088页对“天花乱坠”的解释是：传说梁武帝时云光法师讲经，感动上天，天花纷纷坠落。见《高僧传》。后多用以形容能说会道，言语动听而不切实际。《红楼梦》第六十四回：“说得天花乱坠，不由的尤老娘不肯。”

在古印度，习惯将诸种美好之物称作“天华”。1922 年版《佛学大辞典》，著者丁福保在第 473 页写下“天花”的解释：

> （杂名）天上之妙华。又人中之好华如天物者亦曰天华。心地观经一曰：“六欲诸天来供养，天华乱坠遍虚空。”法华经譬喻品曰：“诸天妓乐百千万种，于虚空中一时具起，雨诸天华。”智度论九曰：“云何为天华？天华芬熏，香气送风。复次天竺国法，名诸好物皆名天物，虽非天上华，以其妙好，故为天华。”

在《佛光大辞典》第 1361 页，笔者还看到它的引申义：法会时，散于佛前，以纸作状如莲花瓣者。

此外，《大智度论》卷九、《法华经》卷七、《大般涅槃经》卷上均有关于“天华”的记述。

天上鲜花谁来护？不如纷落十方有心人。

作为一个 30 余年坚持集邮的爱好者，中华人民共和国成立后，关于“天女散花”邮票前后发行过两次：第一次是 1962 年 8 月 8 日发行的《梅兰芳舞台艺术》特种邮票，全套八枚，其中第六枚就是《天女散花》，邮票精美的设计受到业界的广泛好评。当时的邮电部为满足集邮爱好者的需要，特别发行了该套无齿孔邮票，但这套邮票在“文化大革命”期间因梅兰芳京剧名伶身份的“牵连”而获罪，被打成了“修正主义大毒草”，遭到严厉批判，不但邮票惨遭焚毁，就连有关设计资料、设计原稿及印样等也全部销毁无存，令人唏嘘。第二次是时隔 43 年后的 2005 年 2 月 1 日发行的《杨家埠木版年画》特种邮票，全套四枚，其中第四枚就是《天女散花》。邮票图案选用的这幅年画，一仙女手持鲜花，朵朵鲜花从云端徐徐降下，表示仙女把鲜花撒向大地，寓意春满人间，风调雨顺，国泰民安。杨家埠木版年画因起源山东省潍坊市潍县杨家埠得名。

我家中有一部《梅兰芳演出剧本选集》，我引述选集中《天女宫》的一段唱词，权作“天花”篇的结尾：

（文殊师利引七菩萨同下。）

如来（白）看他们此去，必闻妙法，不免再命天女前去散花，以验结习。伽蓝何在？

伽蓝（白）我佛有何法旨？

如来（白）命你传旨天女：速到维摩诘室中散花，不得有误。

伽蓝（白）领法旨。

（伽蓝下。）

如来（白）正是：要醒千年梦，需开顷刻花。

好一个千年梦，好一个顷刻花。

少年时，生活在黑龙江省的松花江边，那时候学校每周要上半天劳动课，记得有一年全校师生帮助当地国营公司手工筛选蓖麻，将瘪的一粒一粒挑出来，然后将筛选出来的饱满蓖麻装进巨大的麻袋中。

开始劳动前，老师严肃地讲这可是来自热带的植物种子，名叫“伊兰”，现在之所以在我们黑龙江种植，是因为国家要发展航空工业，需要大量的蓖麻，它压榨出来的油就是航空油，飞机要上天，就必须用蓖麻……所以同学们要一粒粒地精心挑选，不能漏掉一粒不合格的蓖麻，否则

伊兰，梵语 eranda。又作伊那拔罗树，属蓖麻类，有恶臭，其种子可提炼蓖麻油。

就会给飞行员带来生命危险。那时的我，天真以为这些蓖麻是来自离松花江只有百千米外的依兰县。

很多年，我对“依兰”还是“伊兰”也没真正分清。

1999年，我和《寻找南沙群岛的故事》摄制组从南沙群岛“美济礁”返航回到海南三亚，被邀请到一片热带园林做客。主人是华侨，他介绍给我们的第一株热带树木就是伊兰，我还以为可算见到蓖麻树了，他说这株正在盛开着紫红色花朵的伊兰是马来语音译，盛产于菲律宾，有“花中之花”的美称，中国称之为“赛兰香”。他明确告诉我，伊兰跟蓖麻树没有任何关系。

这种误解，如果没有这种缘分，记忆深处很难被再次迭代。

我今天所述的伊兰，虽然跟它同名同姓，但跟蓖麻和华侨说的伊兰也是毫无关系。今天要说的是产于印度的伊兰，它的花朵虽鲜红美丽，但花开时会散发出巨大的恶臭，气味可达数十里。在《一切经音义》(《慧琳音义》)中，著者对其描写言简意赅：“极臭木也。”

1922年版《佛学大辞典》，著者丁福保在第1550页写下了对“伊兰”的解释：

> （植物）又作伊罗，鹥罗，堙罗那等。树名。花可爱，气味甚恶，其恶臭及四十里。经论中多以伊兰喻烦恼，以旃檀之妙香比菩提。

印度古谚：“国无智者，少智亦被称扬；国若无树，伊兰亦是树矣。”

在佛教世界，伊兰是“迷惑不觉”之意，它包括贪、嗔、痴等根本烦恼以及随烦恼，它能扰乱身心，引发诸苦。

我明白了，浑身散发着的恶臭，不就是凡间世界无穷无尽的烦恼吗?

繁华落尽，浩大渺小。

意犹未尽、自在宽坦的笺注
—— 一场个人化的佛经植物私家笔记

韩敬山

2023年8月8日，癸卯立秋。

以无尽之愿，入有尽之年。

呈现在您面前的这部文稿，其实是一部断断续续持续了5年的文稿。之所以用“持续”二字，是因为这部书稿的写作，肇源于2015年我着手中央民族大学博士后出站报告[①]的开题。就在此间，中国佛教协会常务理事、广东省佛教协会常务副会长、广州市佛教协会常务副会长、六榕寺方丈上法下量大和尚将一套无锡丁福保[②]（1874—1952年）仲祜编纂、1921年6月1日校毕、1922年上海医学书局出版的线装本《佛学大辞典》[③]送我，供我写作参考。这套中国第一部新式

① 2021年6月15日，中国国家图书馆学位论文采编组发给中央民族大学博士后管理办公室一份回执，写道：韩敬山的博士后研究报告《再转金轮——近代中央政府关于达赖喇嘛转世决策研究》，我处现已收到，我们深表感谢。位于北京海淀中关村南大街33号的中国国家图书馆是世界上入藏中文文献最多的图书馆，是全国博士后管委会指定的博士后研究报告收藏馆。

② 丁福保一生著述等身，尤其是自1912年起，编纂《佛学大辞典》，时间长达8年，1919年完成，1952年在上海病逝。

③ 这部已经出版百年的《佛学大辞典》，在位于北京西城区文津街7号（北海公园南门西侧）的中国国家图书馆古籍馆有馆藏。该建筑始建于1920年代，耗240余万两白银，皆来自庚子赔款。建筑外观仿故宫文渊阁，绿色柱身，周围是汉白玉须弥座式栏杆，馆前还有从圆明园迁移而来的华表、石狮、铜鹤。2006年5月被公布为全国重点文物保护单位。

佛学辞典，多达3万余条典故、术语、名词、史迹等辞目，一下子令我“深入经藏，智慧如海”，快乐满胸，圆成实性。

一

北京，海淀区法华寺路。

这里坐落着我博士三年求学的居舍，同住在法华寺[①]宿舍并且同一层楼的王凯硕士（1990-），在2016年硕士毕业后前往国家电网工作，他用工作后第一个月的工资为我购买了一套《佛学大辞典》[②]的影印版，厚厚四大册，近10千克重。当他把这一箱“经藏”郑重端至我手中的刹那，语言恰成了多余。

惭愧的是，我的书写，依然没有开始，仅停留在端详和感动的氛围中。

甲午立秋日，我猛然想起我2014年第一次到台北“中国文化大学”文学院史学所博士班交换期间，5月15日的台北黄昏，来自北京的中国藏学研究中心陈立健[③]（1971-）先生和现任台北故宫博物院图书文献处

① 法华寺又称法华禅寺，建于明万历年间，现仅存山门，为北京市海淀区重点文物保护单位。1960年代寺毁前的天王殿内有弥勒佛一尊、天王四尊、韦驮一尊；大雄宝殿内三世佛三尊、罗汉十八尊等。法华寺占地面积约百亩，曾有果园和坟地。寺内建筑在20世纪下半叶即已改建成中央民族大学附属幼儿园和硕博士生宿舍楼。2015年7月后硕博士宿舍楼又改建成中央民族大学附属中学教室。

② 这套精装书2011年8月由中国书店影印出版，全套四大册。值得一提的是，2015年1月，上海书店出版社亦影印出版丁福保编《佛学大辞典》，全套两册，为缩印本。

③ 中国藏学研究中心宗教研究所研究员。

刘国威[1]（1968-）先生带我去拜访国际知名咒语研究学者林光明（1949-）先生，当时我的日记这样写道：

> 当日我冒大雨第一次从阳明山上的“中国文化大学”乘“红5”公车下山，站站均停，转到松山机场会合处已是下午5点多了，走了差不多两个小时。随后，我和陈立健老师一起坐台北故宫博物院刘国威老师的车前往一位老师家做客。到家一看，我刚见过他没几天，之前在台北华严莲社听过他的讲演，世界真是好巧，他就是大名鼎鼎的林光明先生。林先生请我们吃饭，饭后参观其创办的嘉丰出版社，这是一位曾从事化学工作的人，因缘使然，后致力于佛经传扬。他让我钦佩之处在于他几乎以一己之力编辑整理了丁福保编纂的《佛学大辞典》。让我感动的是，临别时，林先生为今天到访的每一位客人都赠送了他监修的精装《新编佛学大辞典》[2]两大册，并在书的扉页上提笔写下：行普[3]先生指正，林光明敬赠。

---

① 毕业于美国哈佛大学梵文与印度研究学系（现已更名南亚研究）的刘国威博士著作主要有1995年中国台湾地区慧炬出版社出版《中阴入门教授》；2015年中国台湾地区“蒙藏委员会”出版《承旧鼎新：藏传佛教宁玛派及其在台发展现况》；2017年中国台湾地区“蒙藏委员会”出版《语旨传承：藏传佛教噶举派及其在台发展现况》。

② 《新编佛学大辞典（上）（下）》由林光明监修，林胜仪汇编，2011年6月由台北嘉丰出版社出版。该版本为丁福保《佛学大辞典》、宋代法云《翻译名义集》合辑本，总计1782页。林光明曾编著全世界第一本《梵汉大辞典》，著作主要有《新编大藏全咒》《房山（北京）明咒集》《梵汉佛教语大辞典》。

③ 此处咒语研究学者林光明先生用了韩敬山曾用名韩行普。

根本思维，我依然没有意识到我会做些什么。

二

2019年7月23日，我在台北“中央研究院”傅斯年图书馆查找“台湾藏学之父”欧阳无畏[①]（1913-1991年）的资料，突然发现了台湾地区全佛出版社《佛教的植物》[②]一书，赶紧借阅浏览。阅毕，我觉得应买一套携带回北京。可这部书出版于2001年7月，已过去18年，结果电话咨询出版机构——全佛文化事业有限公司，告知可按需印刷，一套起印，线上征订，实乃开心至极。旋即在2019年10月17

① 2021年10月10日，欧阳无畏逝世30周年纪念日，台湾地区“中国边政协会”主办的“《中国边政》”季刊特别组稿韩敬山五篇总计11万字的论文，纪念这位为中国边政学做出突出贡献的学者。“中国边政协会”理事长、“《中国边政》”主编刘学铫在编者按写下：此期刊载的五篇论文，是韩敬山博士竭尽心力穿梭于台北多处档案典籍机构后，方渐显欧阳无畏来台前后的真罕细部。作者祈望通过这些文字，能全画幅复原深通玄旨的欧阳无畏在近一甲子岁月中含纳万千的藏传佛学传奇，最终廓清欧阳无畏曲折离奇的喇嘛人生。值得一提的是，1963年6月，“《中国边政》”创刊，时年50岁的欧阳无畏译著《藏边划界记》，就刊载在创刊号上。近一个甲子后，台湾地区历史长河与时代大潮渐拐海洋，坚守在中国台湾的边政研究学者日渐珍罕。唯此，我们走近这位为大陆与台湾藏学事业做出巨大贡献的学者，全心打捞出其散失在历史深处的颗颗果实，“中国边政杂志社”认为这是对欧阳无畏喇嘛的最好纪念。2022年10月，欧阳无畏逝世31周年纪念日，其生前所著并由韩敬山审订的《西藏踏查（一）欧阳无畏藏尼游记》《西藏踏查（二）欧阳无畏大旺调查记》两部书稿由台湾“民国历史文化学社”和香港“开源书局”联合出版，这是欧阳无畏著作首次公开出版。

② 这套书一套两册，由台北“全佛编辑部”主编，初版于2001年7月，为《佛教小百科》丛书之三十、三十一。《佛教小百科》系列聚焦佛菩萨的世界，探索佛菩萨的外相、内义，藏传佛教曼陀罗的奥秘，佛菩萨的手印、持物，佛教的宇宙观等。透过每一个主题，宛如打开一个个窗口，深入探索佛教的智慧宝藏。

日自台湾“博客来”书店花费396台币订购了《佛教的植物》一套两册。10月20日，“中央研究院”近代史研究所值班电话打给我说，《佛教的植物》已送至收发室。因返京行李超重，这部书稿我暂存在被称为台湾地区“阿里山公主”的汪毅纯①（1970-）女士处。

2019年10月28日，第三次台北学术之旅即将结束之际，我抓住最后一天的时间，继续在“中央研究院”郭廷以图书馆查询资料。日本大学大川谦作博士告诉我说，日本国书刊行会曾出版过和久博隆（1914-？）②编著的《佛教植物辞典》可以参考，遗憾的是，中国国家图书馆暂无此书的馆藏。

回到北京已是深秋，恰在朋友圈看到相识于江苏宜兴佛光山祖庭大觉寺的学友倪健兄要去日本公务，即请其帮我代买一部。他告我因其行程紧张，不一定恰好能买到此书。不到一天，他就在微信中给我留言：正好您看到我去日本，也正好我日本朋友可以直接下单，都是您的善因好缘……

2019年12月16日，倪健兄回国后第一时间将书在无锡用顺丰寄递到京，他留言道：“江南有大雾，可能会比较慢。”这一天，我在日记写下：

---

① “中华台湾原住民团结党”主席。

② 和久博隆出生于东京都，1935年毕业于东京农业大学专门部农学科，1940年毕业于东洋大学文学部佛教学科，1977年获伯尔尼大学农学博士学位，1978年获东洋大学文学博士学位。曾担任全日本佛教会总务、东京佛教联合会常任理事、东洋大学评议员等职。遗憾的是，和久博隆逝世年月遍寻不见，如健在，2023年已110岁高龄。此注释书写得到日本东北大学文学研究科贾光佐博士的帮助，特此申谢。

北京大雪飘飞，今晨最高兴事，是2013年7月出版的《佛教植物辞典（新装版）》顺利到家，这本书定价7140日元，花费我近500元人民币购买，之所以购买只因写作佛教植物时必须要做到知此知彼，这样写作出来的文字才能有所突破。

心愿所想，没有理由不做点什么了。

写作博士后出站报告总共用去我5年多时间，这真是一场孤独的修行，尤其写作涉及一些佛教植物的困惑后，每每打开自存的各类佛教辞典揣摩精学，一次次突如其来的恍然大悟，一次次合上辞典的若有所思。刹那间，灵光闪现，我应做点事情的念头升腾，我要将我的感受放进去，写一场个人化的佛经植物私家笔记。

广东旅游出版社社长刘志松先生希望我能用“浅显”而生动的解释，把佛陀身边出现的植物都“拈花示众”一番，识大识小，亦玄亦史，以物起兴，晓譬劝喻，直指人心。

在国家文物局办公室挂职的刘璐兄引荐下，我认识了位于台湾高雄的佛陀纪念馆馆长如常法师（1973-），简单说了一下佛教植物事。她知我来自北京，告诉我北京通州光中文教馆为佛光山在北京的道场，里面有一座小型图书室，藏有最新增订版《佛光大辞典》[1]，这套辞典是为“星云大师（1927-2023

① 《佛光大辞典（增订版）》共10册，其中索引1册，由佛光山星云大师监修，慈怡法师、永本法师主编，2014年7月由佛光出版社出版，该书把很多当代新资料、新词汇用学术观点加以诠释。

年）九十华诞、弘法六十周年纪念”而隆重推出的，相信对我会有参考价值。我带着感恩之心，在写作此书时，常常利用周末午后到光中书院听讲座的机会，来这里静心完善书稿的细处。

三

2020 年 1 月 30 日，庚子年正月初六。疫情信息铺天盖地，内心徘徊困顿苦难，悄然躲进京郊常营北路 10 号院，以洞察实相之心正式书写与佛陀相伴的静世界之书。我在当日日记中写下："阅读日文版《佛教植物辞典（新装版）》，方知郁金香亦是佛陀相伴过的植物。"

2020 年 3 月 29 日，我在日记中写下：

> 关于佛教植物，我先拟个写作名单，石榴、安息香、青莲、甘茶、郁金香、阎浮树、黄檗、甘蔗、香菜、祇树、吉祥果、红莲华、芥子、五香、五辛、牛头香、梧桐角、劫波树、合欢树、金刚树、三种香、石蜜、大白华、道场树、昙花、曼陀罗华、苜蓿、菩提子、药师草、娑罗树、曼陀罗……先写这 62 种植物。写作的取舍标准是我自己先要感兴趣，一定要强化故事性肇源，佛典引据的准确，每篇文字 1200 字，重要的植物不超过 3000 字，文字要美，可读性要强。

2020 年 5 月 16 日，我在日记中写下：

今天很高兴，汪毅纯女士将两书《佛教的植物》寄我，历经周折，包裹到京后因地址漏一字而遭到弃投。在紧盯中，邮局工作人员告将转递给 24 支（局）。经过一天一夜等待后，询 24 支（局）并未收到此单，于是告我紧急联络亚运村支（局）。因疫情随时变化，他们发现竟没有转投。

我当机立断，恳请其用到付 EMS 最快方式转寄我。工作人员比较负责，还将我家地址发我核对，我一看，又错了。这次工作人员将“常营”的“常”字写成“长”，北京又恰好有“长营”这个地址，不及时订正，我还会空欢喜。再次协调后，订正完成。

两岸 EMS 历经半月，今日 11 时终于妥收。是为记此动魄一瞥，可谓是“一字惊魂记”。

2020 年 5 月 18 日，初稿完成，我在日记中写道：

此书写作基本做到耐看、耐读了。尤其是佛教的香料世界，浓墨重笔。此书如果快的话，疫情结束估计国庆日后即能出版。我想向广东旅游出版社刘志松社长了解，出版社拟定的绘本书之“绘”是采用软件生成水粉画作还是逐张请画师绘就。

5 月 25 日，刘志松社长告，书稿拟请美术专业工作者王河等一幅一幅地以水粉作画。我与他素不相识，因为书稿的因缘际会走在一起，没有他的精彩绘就，就不会有此书的“清躬无为”和“至德要道”。

四

珍宝之海，大愿之船。

写作这本书，其实还有一个心愿，那就是思考鲁迅（1881—1936 年）笔下的佛教世界究竟如何。家中珍藏 2005 年人民文学出版社精装出版的《鲁迅全集》，共 18 卷。寒暑轮回的阅读，我发现鲁迅很擅长以树拟人，突然有一种发现鲁迅原名周树人的恍然，于是他的笔下出现了熟悉的各种温带常有的植物，如山茶树、桑树、枣树、枫树、乌桕树、大槐树、老紫藤、青桐树、梅花、枯草……尤其读初中时要求背诵的《从百草园到三味书屋》，今天依然能做到脱口而出：

> 我家的后面有一个很大的园，相传叫作百草园……
>
> 不必说碧绿的菜畦，光滑的石井栏，高大的皂荚树，紫红的桑椹；也不必说鸣蝉在树叶里长吟，肥胖的黄蜂伏在菜花上，轻捷的叫天子（云雀）忽然从草间直窜向云霄里去了。单是周围的短短的泥墙根一带，就有无限趣味……何首乌藤和木莲藤缠络着，木莲有莲房一般的果实，何首乌有拥肿的根。有人说，何首乌根是有像人形的，

吃了便可以成仙，我于是常常拔它起来，牵连不断地拔起来，也曾因此弄坏了泥墙，却从来没有见过有一块根像人样。如果不怕刺，还可以摘到覆盆子，像小珊瑚珠攒成的小球，又酸又甜，色味都比桑椹要好得远。[①]

我更注意到鲁迅的笔下出现了为数不少的佛教植物，如石榴、曼陀罗、芭蕉……鲁迅用这些植物去直指人心。如在《失掉的好地狱》中，鲁迅写到："地狱原已废弛得很久了：剑树（笔者注：佛教所说的地狱酷刑）消却光芒；沸油的边际早不腾涌；大火聚有时不过冒些青烟，远处还萌生曼陀罗花，花极细小，惨白可怜。——那是不足为奇的，因为地上曾经大被焚烧，自然失了他的肥沃。"[②] 如在《怀旧》中，鲁迅以芭蕉写下心情："雨益大，打窗前芭蕉巨叶，如蟹爬沙，余就枕上听之，渐不闻。"[③] 每读到这样的文字，我自觉揣摩到了鲁迅写作的心境和悲愤的握拳。与其说是文学之力，不如说是植物的替代之力。

五

上千日的新冠疫情，无休止地反复，最终戛然在

---

① 鲁迅：《朝花夕拾：从百草园到三味书屋》，引自氏著：《鲁迅全集（第二卷）》，北京：人民文学出版社，2005 年 11 月，第 287 页。

② 鲁迅：《野草：失掉的好地狱》，引自氏著：《鲁迅全集（第二卷）》，北京：人民文学出版社，2005 年 11 月，第 204 页。

③ 鲁迅：《集外集拾遗：怀旧（1912 年）》，引自氏著：《鲁迅全集（第七卷）》，北京：人民文学出版社，2005 年 11 月，第 232 页。

2023 年的初春。

一切开始恢复正常，浓绿万枝，春色动人。

于我而言，有机会去看看佛陀生活的自然环境，一定会更好地理解这位智者的忠告。

身处热带的缅甸恰好符合这样的场景。

5 月是缅甸的旱季，我在 2023 年这个季节，乘坐中国东方航空 MU2029 班机自昆明飞往缅甸昔日最大的城市、末代王朝都城曼德勒。仅仅一小时后，从舷窗外就能看到横平竖直棋盘状的曼德勒。我惊异于这座城市的规划，想必树木的栽植也秩序井然。果不其然，从曼德勒国际机场前往 53 街与 30 街交叉口的鲁帕尔・曼陀罗度假村酒店的路上，无数高大的合欢树就栽种在道路两旁，于我这个外国人而言，总想看清它的细部，却怎么都看不够……

当我到达缅甸首都内比都时，这座新城更是栽种了不计其数的合欢树和菩提树……

当我自曼德勒乘坐缅甸丹伦航空（AIR THANLWIN）ST755 班机抵达缅北最大城市密支那时，在伊洛瓦底江边一座印度教寺院门前，我看到了曼陀罗树，在缅北最大的华人寺院观音寺，住持圣通大和尚引我看到了娑罗树、大榕树……位于缅甸经济中心仰光的缅甸国家图书馆门前栽种有劫波树……位于仰光的国家档案馆院内栽种有阎浮树、铁树……可以说，癸卯年的缅甸之路，恰成了我写作佛教植物的实证之路，进一步加深我对笔下文字的新感触。

六

又到了致谢的时候了。

首先感谢中央民族大学人文学部主任、哲学与宗教学学院院长、宗教研究所所长、东亚佛教研究中心主任刘成有[①]（1964－），他是我博士后工作期间的合作导师，这部书稿的主体完成于疫情最猖狂肆虐的2020年。回首长达65个月的博士后旅程，无论是去俄罗斯伊尔库茨克国家档案馆，还是去中国香港“中央图书馆”和“新亚书院”抑或去中国台湾地区的“国史馆”与“党史馆”，他始终予我以尊重，始终予我以包容，始终给我提供最大可能的方便，让我心无旁骛执着于学习思考。可以说，是因为他对我充满信任的宽松，我的创造性才能不断前行，这是我人生中最大的幸运。

写作此书的旅程，很多前辈师长均给我精神上的加持，我要向他们一一致敬：广东旅游出版社社长刘志松先生，我前后有五部书稿在这里出版，所有的出版旅程，我们始终相向而行，互相成就，于无声处省万言。就像他在这部书的序言中所念叨的：“每论及花木，皆融汇自身经历，转山河转大地转自己，见花见木见众生……”

我要感谢中国科学院昆明植物研究所吴建强研究员，一些植物的学术书写得到了他的悉心指导；我要

① 著作主要有2013年12月人民出版社出版的《近现代居士佛学研究》；2015年中国民主法制出版社出版的《汉传佛教》和《宗法性传统佛教》。

感谢印度尼赫鲁大学高适博士，2020 年写作期间，美国疫情同样处于紧张状态，他正客座纽约大学，依然用微信传递给我有关印度植物的特性；我要感谢同在中央民族大学求学期间居住在法华寺博士生宿舍的白浩琨学兄孜孜以求的勘误；我要感谢博士同门——浙江农林大学钟宇海博士，华北电力大学贾纯超博士，天津大学王康博士，东海航空宋德周兄以及农业农村部梁振先生，他们从第一读者的角度提出自己的意见，不时闪烁其间的真知灼见，令我感动。

最后，我要感谢广东旅游出版社林伊晴老师，她是这本书最初的责任编辑。2022 年 8 月 15 日，她第一时间发来出版批复，我在日记中抄下了这段文字："《花木有禅意》，书稿内容丰富，图文并茂，具有一定的出版价值，可安排出版。"自此，书稿又传递到新的责任编辑廖晓威老师手中，他是一位熟悉台湾地区作家的编辑，经手出版了一些良好的两岸交流的图书。我们虽未见过面，但微信频繁往来时，只为书稿中的细节无误。

结语

书写至此，我突然想起和邹玉凤前辈的对话，我们眼前一草一木，虽有极其简单的生命力，却都有着各自各精彩的成长过程。我们共同感受到草木之命的植物和一切生命没什么两样，命运的站台上，它们都应是平等下的存在，共荣下的相生，共同造就了悲欢离合的刹那，共同造就了人与自然生命共同体。

于我而言，万物生长，形终有尽，愿却无尽。

守繁华之外。

只望，彼岸花开。

2023 年 12 月 16 日

于京北昌平 北七家 和悦华玺